Jose Sampietro

Sistemas modernos de controlo de células de combustível

Jose Sampietro

Sistemas modernos de controlo de células de combustível

Primeira edição

ScienciaScripts

Imprint
Any brand names and product names mentioned in this book are subject to trademark, brand or patent protection and are trademarks or registered trademarks of their respective holders. The use of brand names, product names, common names, trade names, product descriptions etc. even without a particular marking in this work is in no way to be construed to mean that such names may be regarded as unrestricted in respect of trademark and brand protection legislation and could thus be used by anyone.

Cover image: www.ingimage.com

This book is a translation from the original published under ISBN 978-620-0-01729-1.

Publisher:
Sciencia Scripts
is a trademark of
Dodo Books Indian Ocean Ltd. and OmniScriptum S.R.L publishing group

120 High Road, East Finchley, London, N2 9ED, United Kingdom
Str. Armeneasca 28/1, office 1, Chisinau MD-2012, Republic of Moldova, Europe
Printed at: see last page
ISBN: 978-620-7-40008-9

Copyright © Jose Sampietro
Copyright © 2024 Dodo Books Indian Ocean Ltd. and OmniScriptum S.R.L publishing group

SISTEMAS MODERNOS DE CONTROLO DAS CÉLULAS DE COMBUSTÍVEL
José Sampietro Saquicela

DEDICAÇÃO

A Deus, a Eulália, a Luís, a Cecília, a Fatiha, a Ernesto e a todos os que lutam por um mundo mais justo, mais livre e mais humano.

PREÂMBULO

O esgotamento das fontes de energia renováveis é um problema global que deve ser enfrentado por todos os países do planeta. O subdesenvolvimento e a desigualdade, baseados na teoria do centro-periferia, conduzem à poluição nos chamados países do terceiro mundo. Se os governos tomarem consciência da importância deste problema, as leis podem ser orientadas para a preservação da vida, tanto para o planeta como para as gerações futuras. Um passo importante é, sem dúvida, o estudo de questões tecnológicas que contribuam para melhorar o ambiente. O hidrogénio tem um grande potencial para o futuro e já está a ser utilizado para produzir energia.

No contexto deste estudo, a importância dos sistemas de controlo para a eficiência do próprio processo, a segurança de funcionamento e a manutenção durante o tempo de vida da instalação são cruciais, tanto para os aspectos operacionais e económicos como para a sustentabilidade.

Por este motivo, o autor desenvolve este trabalho com o objetivo de realizar uma análise da estrutura e do funcionamento das pilhas de combustível PEM, estudar os seus modelos, sistemas e subsistemas, a fim de selecionar o modelo mais adequado para a aplicação de estratégias de controlo baseadas neste critério. Uma vez selecionado o modelo, este é processado de forma a adaptá-lo às necessidades dos sistemas de controlo a implementar. São concebidos e aplicados diferentes tipos de controladores à instalação simulada. Estes controladores são o controlo preditivo baseado no modelo (MPC) e o controlo adaptativo (STR). Por fim, os resultados obtidos são analisados, comparados e são tiradas conclusões.

Espera-se que este seja um contributo importante para todos aqueles que desejem ser introduzidos na utilização prática e no funcionamento destes sistemas.

Índice geral

INTRODUÇÃO

1. Introdução

As pilhas de combustível são atualmente consideradas como um dos melhores candidatos à produção de energia limpa, ao contrário dos combustíveis fósseis utilizados até à data. A combustão de combustíveis fósseis no sector dos transportes é responsável por mais de metade das emissões de gases com efeito de estufa, consumindo dois terços dos recursos petrolíferos mundiais e contribuindo para a emissão de outros poluentes, como os óxidos de azoto e o enxofre. Por estas razões, e tendo em conta o estado atual da biodiversidade, foram propostos vários combustíveis alternativos para responder aos desafios do aprovisionamento energético, mantendo uma ideologia verde de modo a não prejudicar o ambiente. Como veremos no segundo capítulo deste livro, estes **incluem** a gasolina, o gasóleo reformulado, o biodiesel, o metanol, o etanol, os combustíveis sintéticos produzidos a partir do gás natural ou do carvão, o gás natural comprimido e, naturalmente, o hidrogénio. Dos combustíveis acima mencionados, vamos analisar o hidrogénio numa das suas aplicações como vetor de energia, uma vez que oferece os melhores benefícios ambientais, pois a sua utilização em células de combustível não gera emissões nocivas para o ambiente. Isto faz das pilhas de combustível uma opção eficiente, rápida e relativamente barata para a produção de energia. Como veremos em capítulos posteriores, existem muitas classificações de pilhas de combustível, mas neste livro vamos concentrar-nos particularmente no tipo PEM (Polymeric Electrolyte Membrane), devido às suas características de funcionamento e à sua utilização tanto em aplicações móveis como estacionárias. Durante o desenvolvimento das pilhas de combustível, foram realizados vários estudos para obter um modelo próximo da realidade e com as características necessárias para um controlo eficaz. Por esta razão, têm sido utilizados vários métodos de controlo de células de combustível, desde os mais convencionais aos mais recentes, como os métodos preditivos, adaptativos, híbridos, entre outros.

Motivação

Os fundamentos metodológicos do controlo preditivo e do controlo preditivo adaptativo foram introduzidos nos anos 70 e, durante mais de duas décadas, foram realizadas investigações e publicações de alto nível devido ao interesse gerado. No que diz respeito ao controlo preditivo não adaptativo, em que o modelo preditivo deve ser criado antes de o controlo ser aplicado, foram propostas várias alternativas que estão atualmente a ser aplicadas na prática e na indústria. No entanto, o desempenho do controlo preditivo baseado num modelo de parâmetros fixos pode degradar-se se os parâmetros do processo se alterarem e ocorrer um erro de modelação, como se pode observar na prática. Por esta razão, o controlo preditivo adaptativo é apresentado como uma solução que é teoricamente capaz de ter em melhor conta a natureza dinâmica inerente ao processo. O MPC possui um conjunto de características (flexibilidade, simplicidade, praticidade e aplicabilidade) que o tornam um candidato muito interessante na escolha de uma metodologia de projeto para o controlo de processos. Este livro trata da aplicação de métodos de controlo preditivo e/ou adaptativo a um sistema de células de combustível PEM, a fim de assegurar o comportamento correto do sistema em circuito fechado em caso de incerteza do modelo ou de mau funcionamento. As pilhas de combustível ("pilhas de combustível PEM") fazem parte de uma nova e promissora tecnologia para a produção de energia limpa em aplicações móveis e fixas. No entanto, as pilhas de combustível são sistemas altamente complexos com múltiplos comportamentos térmicos que não podem ser representados de forma simples. A segurança, a eficiência e a fiabilidade das pilhas de combustível dependem da precisão das suas condições de funcionamento.

2. Interrupção da publicação

A descontinuidade da produção e a dificuldade de satisfazer uma procura de referência são factores limitativos dos sistemas de produção de eletricidade baseados nas energias renováveis. É por isso que é necessário otimizar a utilização de materiais, células e sistemas adicionais, porque disso depende a eficiência de utilização do sistema e a sua vida útil. Por conseguinte, é necessário criar mecanismos eficazes que nos permitam gerir os sistemas de forma adequada, a fim de melhorar o seu desempenho e criar valor acrescentado para a sua utilização em aplicações privadas e comerciais. Para concentrar os esforços de desenvolvimento, é necessário testar ou criar algoritmos de controlo que permitam atingir os objectivos propostos devido à complexidade do comportamento dos sistemas de pilhas de combustível. O objetivo deste livro é desenvolver algoritmos que garantam o comportamento correto da malha de controlo em caso de incertezas ou perturbações do modelo. Por estas razões, os nossos objectivos são os seguintes:

2.1. Objectivos

Análise de um modelo de célula de combustível PEM, simulação do seu comportamento e desenvolvimento de estratégias de controlo tendo em conta as perturbações mensuráveis do sistema e as restrições de funcionamento da célula de combustível, a fim de assegurar um desempenho global eficiente do sistema, através do acoplamento de todos os modelos parciais existentes no ambiente não linear do sistema.

- Analisar os critérios possíveis e apresentar soluções baseadas no Controlo Preditivo de Modelos (MPC) e no Regulador Adaptativo de Sintonia Selft (STR).
- Assegurar que as variáveis como as tensões e as variações de oxigénio são devidamente reguladas para garantir a funcionalidade e a vida útil da bateria.

3. Conteúdo e estrutura do livro

Em geral, este livro analisa um modelo de célula de combustível PEM e, com base neste modelo e nas características desejadas para o trabalho, aplicaremos as diferentes estratégias de controlo acima mencionadas. A estrutura do livro será definida, na primeira parte, por uma visão geral dos principais tipos de energia existentes, sendo também abordadas as energias alternativas e renováveis. Na segunda fase, o modelo e os componentes da pilha de combustível serão analisados em pormenor, estudando as equações que os regem, o seu ponto de potência e a relação que têm com o modelo em geral. Na terceira fase, estudaremos a análise estática do modelo escolhido e a metodologia de linearização. Em seguida, estudaremos os algoritmos de controlo preditivo, MPC e controlo adaptativo STR com base na sua funcionalidade, para controlar as variáveis desejadas nas células de combustível. Finalmente, efectuamos as simulações correspondentes e fazemos uma comparação entre o que foi feito, o estado da arte existente e os diferentes desempenhos estudados ao longo do livro.

A CÉLULA DE COMBUSTÍVEL

1. Energias renováveis

Podemos definir a energia renovável como aquela que é produzida a partir de fontes naturais, ou seja, fontes que contêm uma grande quantidade de energia capaz de ser regenerada por meios naturais. Esta energia respeita o ambiente e os efeitos negativos sobre o ecossistema, designados por impacto ambiental, são menores do que os das energias não renováveis e dos combustíveis fósseis atualmente utilizados. De acordo com um estudo sobre o "impacto ambiental da produção de eletricidade", o impacto ambiental da produção de eletricidade a partir de fontes de energia convencionais é 31 vezes superior ao das fontes de energia renováveis. Podemos também afirmar que esta energia não produz, no seu processo de produção, gases tóxicos que prejudicam o ambiente e provocam efeitos como o aquecimento global. Não produz CO_2, chuva ácida ou resíduos perigosos, difíceis de tratar e que permanecem no ambiente durante muito tempo. As energias renováveis podem ser instaladas em zonas de difícil acesso, como as zonas rurais, ou em zonas isoladas das linhas eléctricas centrais, porque são autóctones por natureza e não dependem da existência de regiões, como é o caso dos combustíveis fósseis como o petróleo, a energia nuclear e outros.

1.1. Tipos de energias renováveis

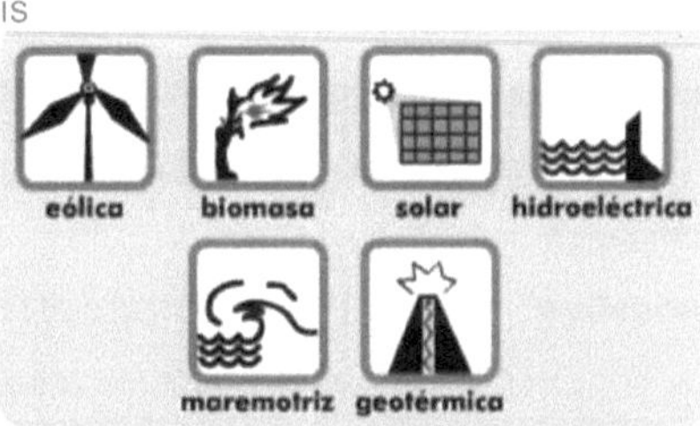

Fig. 2.1. Tipos de energias renováveis.

1.1.1. Energia solar térmica. Este tipo de energia tem por base um líquido que capta o calor recolhido pelos colectores, os mesmos que estão expostos ao sol, e depois, através de um processo de troca de calor, vai aquecer um líquido, que normalmente é a água, para desta forma, a utilizar em casas e apartamentos, como parte do seu processo energético. Quando este tipo de energia é utilizado nas instalações descritas pode poupar entre 40 e 70% de energia, pelo que a sua utilização começa a difundir-se e a ser utilizada em sectores comerciais, por máquinas de absorção para produzir frio, ou para aquecimento de temperatura em geral.

1.1.2. Energia solar fotovoltaica. Os módulos fotovoltaicos produzem eletricidade através da incidência de fotões de luz sobre o silício. Esta eletricidade pode ser autoconsumida. A aplicação mais comum é em casas rurais isoladas, parques de campismo ou quintas.

1.1.3. Energia eólica. Este tipo de energia está ligado ao movimento de massas de ar que se deslocam de zonas de alta pressão atmosférica para zonas adjacentes de baixa pressão, adquirindo uma velocidade que lhes é proporcional, e funciona graças a turbinas eólicas que baseiam o seu funcionamento na energia cinética do vento para produzir eletricidade. Esta energia pode ser vendida à rede ou consumida pelo utilizador.

1.1.4. Energia produzida a partir da biomassa. Este tipo de energia baseia-se na recuperação de matéria orgânica animal e vegetal e de resíduos agro-industriais. Após a extração, procede-se a um processo de secagem e combustão. Uma das vantagens deste tipo de energia é o facto de utilizar resíduos da indústria, como a madeira e outros, para fornecer a matéria-prima. A biomassa pode ser utilizada para o calor gerado pela combustão, para processos específicos ou para a produção de eletricidade.

1.1.5. Biocombustíveis. Oferecem uma alternativa semelhante aos actuais combustíveis fósseis, mas são produzidos a partir de óleos vegetais e podem ser utilizados puros ou misturados a 30%. Alguns dos motores actuais já podem funcionar com este combustível, enquanto outros precisam de ser ligeiramente modificados.

1.1.6. Pilhas de combustível. Uma pilha de combustível é um dispositivo eletroquímico que converte direta e eficientemente a energia química de um combustível em energia eléctrica, sendo o hidrogénio o combustível que proporciona o melhor desempenho. A oxidação eletroquímica do hidrogénio em protões e electrões tem lugar no ânodo. O local

Os protões movem-se através da membrana condutora de protões, enquanto os electrões circulam num circuito exterior à célula de combustível.

2. Introdução às pilhas de combustível.

De um modo geral, as pilhas de combustível funcionam através de uma pilha de pilhas ou de células individuais constituídas por um ânodo para oxidar o hidrogénio e um cátodo para reduzir o oxigénio que entra no sistema. Contêm igualmente um eletrólito líquido ou sólido cuja função é trocar os iões envolvidos nas reacções descritas. Logo que estas reacções ocorrem, forma-se hidrogénio ionizado, que perde um eletrão. O primeiro chega ao elétrodo por um caminho diferente do do eletrão perdido, ou seja, o hidrogénio passa por um eletrólito e o eletrão por um material que deve ser condutor. As pilhas de combustível permitem, assim, converter diretamente a energia química em energia eléctrica, produzindo água, calor e energia que pode ser utilizada noutros processos, conforme as necessidades, porque estes resíduos são úteis. De entre as baterias existentes, privilegiamos o tipo PEM, que possui uma elevada densidade de potência, uma temperatura de funcionamento inferior a 80 graus Celsius e uma elevada resistência às vibrações e aos choques. A figura 2.2 ilustra a estrutura básica mencionada até agora.

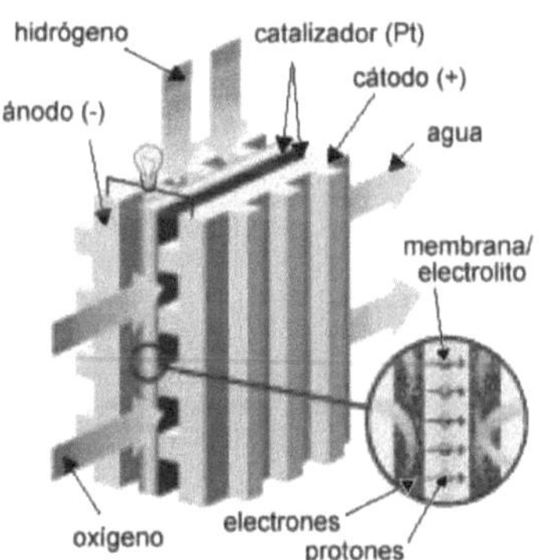

Fig. 2.2 Células de combustível

Existem vários tipos de células de combustível, conforme resumido na Tabela 2.1, apresentada na tese de doutoramento de Diego Feroldi [1], na qual, para além das vantagens e desvantagens da sua utilização, enumeramos as suas aplicações e características:

Tipo y Acrónimos	Eletrólito	Temperatura	Combustível	Aplicações	Benefícios	Desvantagens

				T ransporte	Baixa temperatura, colocação em funcionamento	
Poliméricas	Nação	60-100 °C	H2	Equipamento	rápido, eletrólito sólido (reduz	
(PEM)				Computadores portáteis	corrosão, fugas, etc.)	catalisadores caros (Pt) y H2 puro.
				Eletricidade		
					Melhorar o desempenho	Requer a remoção de CO2 do ar
Alcalino	KOH	90-100 °C	H2	Militar	devido ao seu rápido tempo de reação	combustível.
(AFC)				Quarto	raios catódicos.	
					Eficiência até 85% (com	
Ácido fosfórico	H3PO4	175-200 °C	H2	Eletricidade	produção combinada de calor e eletricidade). Utilizações possíveis	ponto. Baixa intensidade e baixa potência.
(PAFC)					H2 combinação impura coto.	Peso e tamanho elevados.
Carbonatos						
desvanece-se	Carbonatos	600-1000 °C	H2	Eletricidade	Benefícios da deposição em aterro	Aumento das temperaturas elevadas
(MCFC)	Li, Na, K				Temperaturas	Corrosão y rutura de elementos de construção
					vantagens das temperaturas elevadas. Eletrólito sólido	
Óxido sólido	(Zr,Y)O2	800-1000 °C	H2	Eletricidade		As temperaturas elevadas facilitam a rutura
(SOFC)					reduz a corrosão, as fugas, etc.	componentes (vedantes, etc.)
Con versão direta de	Nação	60-100 °C	CH3 OH	Material de transporte	Combustível líquido, mais próximo	
Metanol (DMFC)				Computadores portáteis	em comparação com a tecnologia atual, bem como as vantagens da PEM.	

Tabela 2.1 Tipos de estacas PEM

3. Células de combustível PEM.

As células de combustível de membrana polimérica (PEM), também conhecidas como células de combustível de membrana permutadora de protões, são únicas na medida em que fornecem uma elevada densidade energética, sendo simultaneamente pequenas e leves. A sua estrutura utiliza um eletrólito de polímero sólido e eléctrodos de carbono poroso contendo um catalisador de platina. Para funcionar, as pilhas de combustível utilizam hidrogénio, oxigénio e água, sem necessidade de líquidos corrosivos. Regra geral, o hidrogénio é utilizado em estado puro, pelo que deve ser fornecido a partir de reservatórios que o contenham ou, se necessário, pode ser instalado simultaneamente um conversor. A temperatura de funcionamento é relativamente baixa, normalmente cerca de 80°C, o que significa que podem ser colocados em funcionamento rapidamente, uma vez que é necessário menos tempo de aquecimento. A vantagem é que os componentes do sistema se desgastam menos, o que aumenta a vida útil do sistema. Como já foi referido, as reacções químicas têm lugar nas células de combustível, cujas partes são idênticas:

Ânodo: $H_2 \wedge 2H + {}^+ 2e$ (2.1)

Cátodo: $0,5O_2 + 2H^+ + 2e^- \wedge H_2O$ (2.2)

A reação total é: $2H_2 + O_2 \wedge 2H_2O$ (2.3)

As reacções são apresentadas na Figura 2.3.

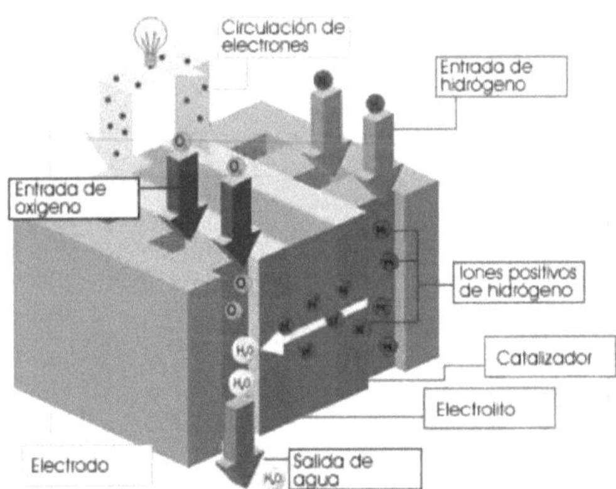

O funcionamento da pilha de combustível baseia-se então no caminho percorrido pela molécula de H2 que, como mostra a figura 2.3, entra no ânodo para atravessar a placa bipolar através dos seus canais e, depois de atravessar a placa, permanece na fase difusora do gás, formada por um material altamente poroso responsável por facilitar a difusão do hidrogénio.

Depois, quando o catalisador está presente, o hidrogénio decompõe-se em dois protões e dois electrões. Os primeiros continuam através da membrana de permuta de protões, mas os electrões não podem atravessá-la porque não é condutora eletrónica, e procuram a sua saída através da camada de difusão de gás (DG) e da placa bipolar no circuito externo, onde estão disponíveis como corrente eléctrica para realizar trabalho.

Uma vez terminado este processo, os protões são dirigidos para o cátodo e combinam-se com os electrões transferidos pelo circuito externo que implementámos, ao mesmo tempo que se combinam com as moléculas de oxigénio que alimentam a célula base que, ao entrar em contacto com o catalisador, rompe a sua ligação.

Quando estes componentes se encontram, formam água e calor, que são removidos da bateria pelos sistemas correspondentes.

Os componentes de uma célula de combustível incluem

3.1.1. Placa bipolar (PB).

A placa bipolar é o elemento que delimita a célula, ou seja, é utilizada para delimitar cada elétrodo. Entre as suas funções na célula, actua como ligação entre células vizinhas, ou seja, é o cátodo da primeira célula e o ânodo da seguinte.

É aqui que entram os gases que vão reagir em cada um dos eléctrodos, onde são evacuados os produtos da reação e onde são feitas as ligações do circuito externo.

3.1.2. Membrana de permuta de protões.

A membrana é constituída por uma espinha dorsal polimérica, a mesma do elemento central da pilha de combustível, e deve, portanto, estar bem molhada para cumprir a sua função de permitir a passagem de iões positivos, mantendo-os móveis e impedindo a passagem de electrões ou de iões negativos.

através dele. Quanto melhor for o sistema de humidificação, mais eficaz será.

Outra função da membrana é separar os gases presentes no ânodo dos presentes no cátodo. A membrana pode também conter placas de distribuição de gás e colectores de corrente. A estrutura da membrana de permuta de protões (PEM) é apresentada na Figura 2.4.

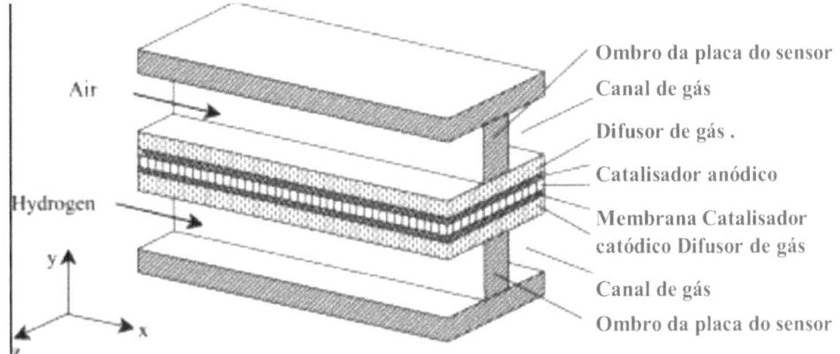

Fig. 2.4 Representação esquemática dos componentes da membrana de permuta protónica.

3.1.3. electrocatalisador.

O seu papel consiste em promover, por um lado, a transformação do combustível fornecido, ou seja, o H2, em protões e electrões no ânodo e, por outro, a reação do oxigénio fornecido no cátodo com protões e electrões. Os materiais mais utilizados são a platina (Pt) ou as ligas de platina. Note-se que em cada um dos eléctrodos se encontra um catalisador.

3.1.4. Camada de difusão de gás (GD).

Trata-se de elementos porosos cuja função é distribuir o combustível o mais uniformemente possível no catalisador. A sua gestão contribui para aumentar o contacto entre o combustível e a superfície de consumo. A sua importância reside, portanto, no facto de todo o combustível que entra ser dirigido para o catalisador à velocidade certa e sem obstáculos.

Outra função é permitir a passagem de electrões para o circuito externo, permitir a evacuação da água formada durante a reação no cátodo e fornecer um suporte mecânico. Existe também uma camada de difusão de gás em cada um dos eléctrodos.

Pranchetas.

Estes elementos estão localizados nas extremidades da pilha e a sua função é formar ligações eléctricas. Contribuem para uma boa vedação e é necessário colocar juntas para garantir a estanquicidade necessária nas diferentes zonas da chaminé.

O elétrodo é constituído por um material poroso fino, uma camada de difusão e o catalisador. A membrana está assim rodeada por dois eléctrodos, o ânodo, no qual entra o combustível (H_2), e o cátodo, no qual entra o oxigénio (ou ar). Este processo é descrito na Figura 2.5.

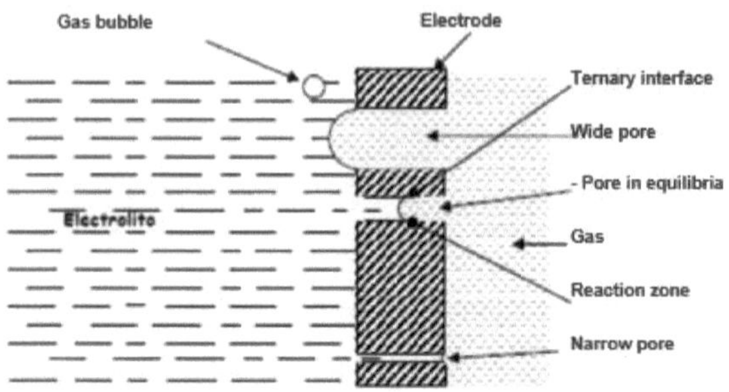

Fig. 2.5. Porous electrode

3.1.5. Atingir a alta tensão.

4. As células de combustível como tal são capazes de fornecer uma tensão relativamente baixa, e a corrente que fornecemos depende do tamanho dos eléctrodos utilizados e da qualidade dos catalisadores que aplicamos, no entanto, embora a tensão relativa seja de cerca de um volt, podemos aumentar as ligações em série e em paralelo para tamanhos que, no caso atual, são de 250 a 400 mA/cm com eléctrodos não ligados obtidos por sedimentação. As figuras 2.6 e 2.7 mostram como ligar as células em paralelo para aumentar a intensidade da corrente e em série para aumentar a tensão resultante.

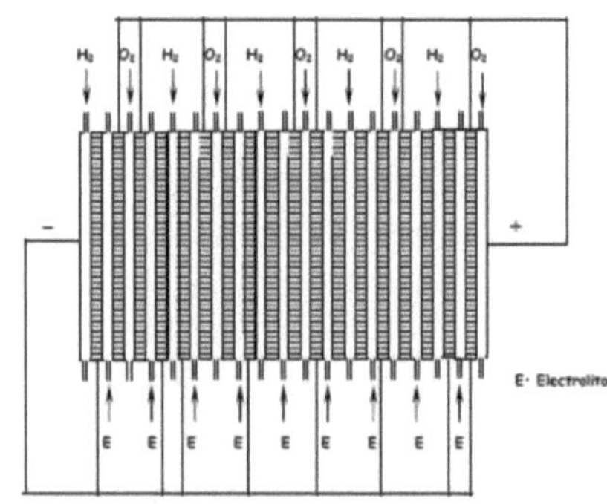

Fig. 2.6. Colocação das células em paralelo.

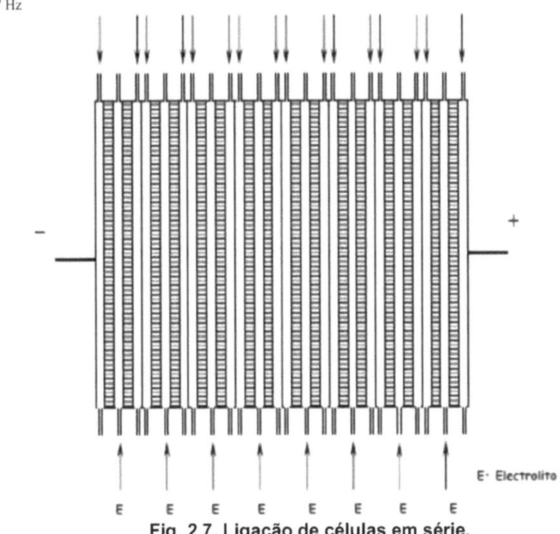

Fig. 2.7. Ligação de células em série.

Note-se que a tensão da célula resultante depende igualmente da corrente de circulação, da pressão de entrada dos gases no ânodo e no cátodo, da temperatura da célula e da eficiência de molhagem da membrana, enquanto a corrente depende do tipo e do percurso da corrente que atravessa a célula e da tensão terminal resultante.

5. Modelação de células de combustível.

O modelo de bateria a utilizar é um modelo utilizado na indústria automóvel e baseado na tese de Jay T. Pukrushpan **[2]**. O modelo está dividido em vários subsistemas com as suas respectivas equações de regulação. Em seguida, descrevemos cada um dos subsistemas em pormenor, resultando no modelo resumido que utilizaremos para desenvolver as teorias de controlo, os esquemas e as simulações no capítulo seguinte deste livro. A Figura 2.8 mostra o sistema completo utilizado neste livro, no qual, além da célula propriamente dita, estão representados todos os elementos que compõem o sistema:

4- Sistema de reabastecimento de hidrogénio

I Sistema de alimentação de ar

4- Sistema de humidificação

I Sistema de arrefecimento

O sistema de abastecimento de hidrogénio consiste num tanque ou contentor que contém hidrogénio pressurizado, que é controlado por uma servo-válvula.

O sistema de fornecimento de ar é composto por um compressor de ar, um motor que controla o compressor e os tubos de ligação. Isto é importante porque a pressão a que o ar entra ajuda a melhorar o desempenho geral do sistema, e é necessário um refrigerante à saída para baixar a temperatura a que o ar sai do sistema.

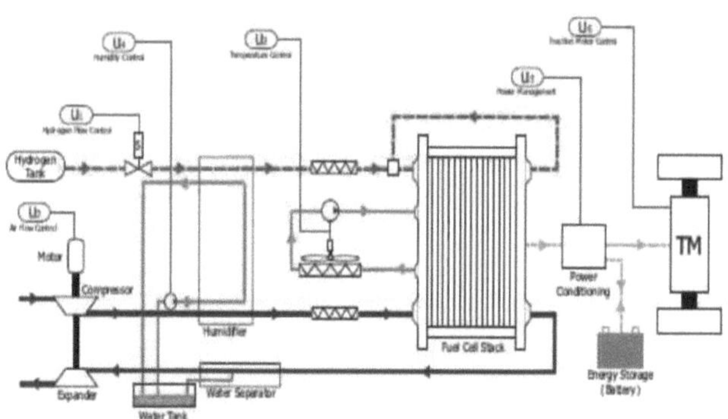

Fig. 2.8. Sistema completo de células de combustível

O sistema de humidificação utiliza então a água produzida pela reação química na célula, que é armazenada num reservatório. As suas principais funções são evitar que a membrana seque e atuar sobre os gases que reagem no ânodo e no cátodo da célula. A membrana pode ser equipada com um conetor especial para se auto-humedecer ou pode ser instalado um sistema externo, o que aumenta a eficiência mas também a complexidade global. Finalmente, o sistema de arrefecimento faz circular água a uma temperatura mais baixa na célula através de um processo de troca de calor, permitindo que o excesso de calor produzido após a reação seja removido ou equilibrado.

4.1. Subsistemas de modelos de células de combustível

Para descrever os subsistemas do modelo, temos de assumir que a temperatura de funcionamento da célula é de 80 graus Celsius e que a temperatura é constante em todo o sistema, porque o modelo de arrefecimento e humidificação mantém constante a temperatura dos reagentes que entram no ânodo e no cátodo. A variação da temperatura é muito mais lenta do que a variação dos transientes dinâmicos da célula. O sistema de blocos pode então ser representado na Figura 2.9.

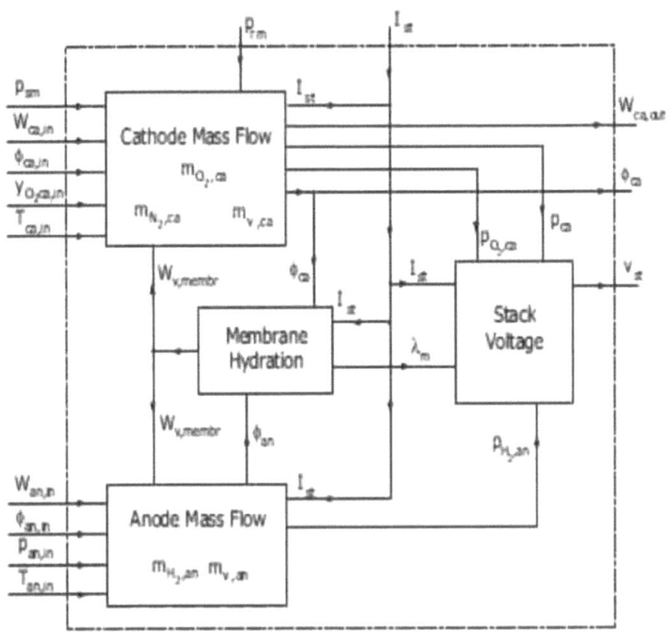

Fig. 2.9. Sistema de blocos de células de combustível utilizado em Jay T. Pukrushpan [2].

Podemos então dizer que o sistema está dividido em subsistemas da seguinte forma:

4- Tensão da bateria Modelo
1- Modelo de fluxo catódico empilhado
1- Modelo de fluxo de ânodo de pilha
A- Modelo de hidratação da estaca.

De seguida, podemos representar o sistema em geral como um sistema com um ânodo e um cátodo, como mostra a Figura 2.10, onde, para além destes elementos, são indicados os caminhos por onde circulam os gases que entram no sistema, bem como as saídas e os retornos, com as respectivas designações, que serão utilizadas mais à frente neste livro.

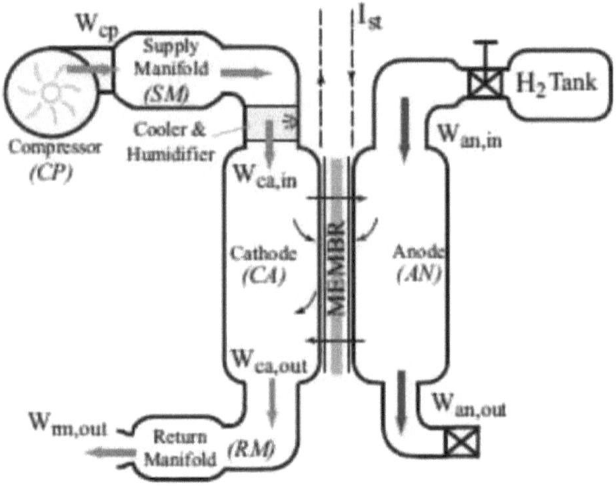

Fig. 2.10. Representação do modelo de célula de combustível.

1.1.1. Célula de combustível Modelo de tensão.

A tensão da célula de combustível *(E)* é definida pela seguinte equação : (2.)

$$E = 1,229 - 0,85 \times 10^{-3} (T_{fc} - 298,15) + 4,035 \times 10 \ T^{-5}_{fc} [\ln(p_{H_2}) + 0,5\ln(p_{O_2})]$$

A temperatura de funcionamento Tfc é expressa em graus Kelvin e os logaritmos da pressão parcial dos reagentes $pH2$ e $pO2$ são expressos em átomos. A tensão da célula é definida em função dos reagentes, da temperatura e da corrente da célula *(i)*, que é definida pela corrente I_s vezes a área de superfície efectiva AFC, como indicado na equação seguinte:

$$i = \frac{I_{st}}{A_{FC}}$$

(2.5)

Como se trata de uma ligação em série, a corrente não circula. A tensão da bateria é, portanto, sempre inferior à tensão descrita na equação anterior, porque há perdas, quer por ativação, quer por concentração, quer por perdas óhmicas. A curva de polarização Hpic é mostrada na Figura 2.11. O diagrama que mostra a soma das três perdas está representado na Figura 2.12. A sobretensão de ativação é uma reação que ocorre tanto no cátodo como no ânodo devido às reacções químicas de separação de electrões, mas é mais lenta no cátodo, pelo que a reação do cátodo é predominante devido às suas condições.

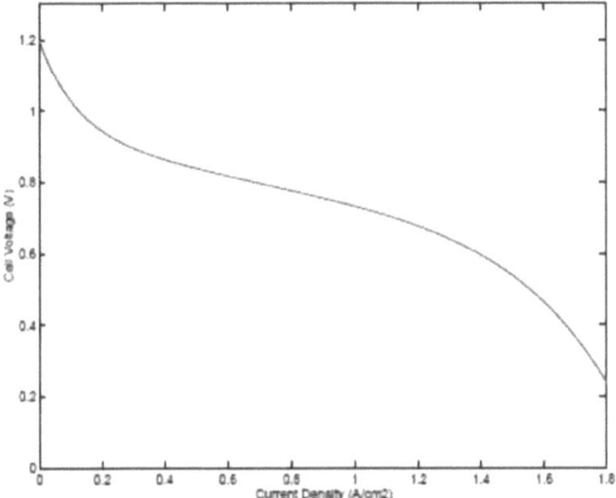

Fig. 2.11. Curva de polarização da pilha de combustível

A tensão de ativação V_{act} é então definida pela seguinte equação :

$$V_{act} = v_0 + v_a\left(1 - e\right)^{-c_1 i}$$

O primeiro termo v0 é definido pela tensão de cruzamento zero da densidade de corrente, e os outros termos, que dependem de v_a, c_1, estão relacionados com a pressão parcial de oxigénio e a temperatura de funcionamento e são obtidos por uma regressão não linear baseada em dados experimentais de uma aproximação da equação de Tafel.

Fig. 2.12. Perdas totais de exploração.

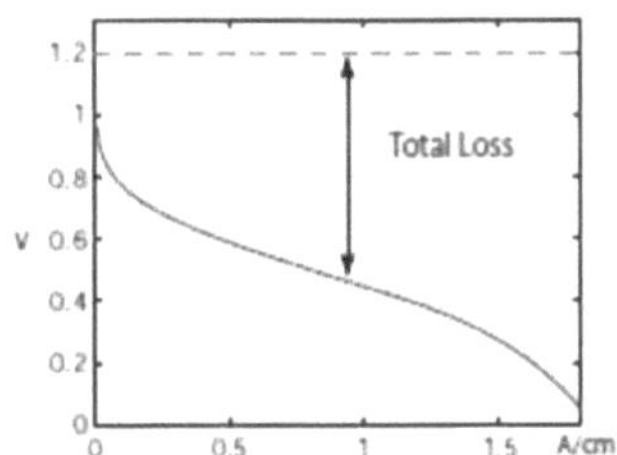

Por outro lado, as perdas óhmicas são devidas à resistência que a membrana e os eléctrodos oferecem à passagem de protões e electrões, e dependem da humidade da membrana e da temperatura da célula, ou seja, a queda de tensão ou tensão óhmica V_{OHM} é determinada pela seguinte equação

$$V_{OHM} = iR_{OHM} \qquad\qquad \textbf{(2.7)}$$

em que R_{OHM} é a resistência da membrana. A condutividade da membrana é definida como uma função da resistência eléctrica, que é uma função da espessura da membrana *tm* e da condutividade da membrana φm, e é determinada pela seguinte equação:

$$R_{OHM} = \frac{tm}{\varphi m} \qquad\qquad \textbf{(2.8)}$$

Finalmente, a perda de concentração, representada pela queda da tensão de concentração *Vcon, é devida à* modificação das propriedades químicas dos elementos, como no caso particular da concentração, e é definida pela equação 2.9, onde c_2, C3 e i_{max} são constantes obtidas por regressão não linear.

$$Vcon = i\left(C_2 \frac{i}{i_{max}}\right)^{C3} \qquad\qquad \textbf{(2.9)}$$

A tensão efectiva da bateria $Vefc$ é então a tensão inicial subtraída das três quedas de tensão e definida pela equação 2.10. A tensão efectiva da bateria $Vefc$ é a tensão inicial :

$V_{efc} = E$ - *Vact* - *Vohm* - *Vcon*

Como se mostra na Figura 2.13, a humidificação da membrana é muito importante para obter uma tensão elevada Vst que

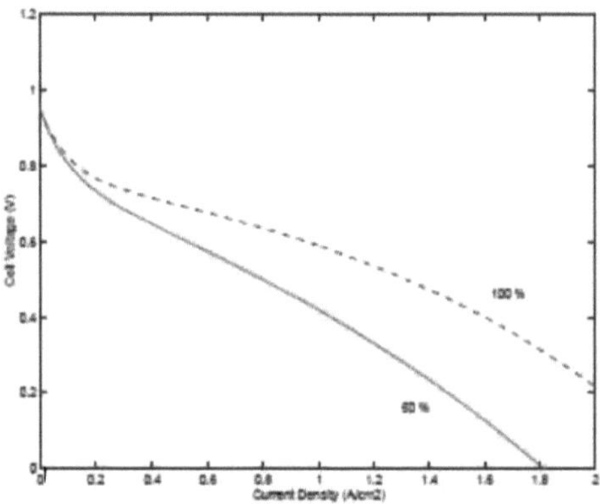

Fig. 2.13. Tensão em caso de humedecimento diferente da membrana

que, quando multiplicado por todas as células da série (n), é definido pela seguinte equação

$$Vst = n * vfc$$

(2.11)

1.1.2. Modelo de fluxo catódico

O modelo de fluxo catódico centra-se na circulação do ar no interior do cátodo, com base nos princípios de conservação da massa e nas propriedades termodinâmicas e fisiométricas do ar. Em seguida, analisaremos as propriedades acima mencionadas dos três elementos principais desta reação, nomeadamente o hidrogénio, o oxigénio e o azoto. Para que esta reação ocorra, devem ser tidas em conta as seguintes considerações:

a) Todos os gases devem comportar-se como gases ideais.

b) A temperatura da célula é efetivamente controlada pelo sistema de arrefecimento,

c) A célula mantém uma temperatura constante de 80°C em toda a sua estrutura.

d) A temperatura do ar que entra no cátodo é igual à temperatura da célula de combustível.

e) As variáveis de fluxo no interior do cátodo são as mesmas que no exterior, ou seja, temperatura, pressão, humidade e moles de oxigénio.

f) f) Quando a humidade relativa dos gases catódicos excede 100%, o vapor dos gases catódicos condensa-se numa forma química K e deixa o cátodo ou evapora-se apenas quando a humidade desce abaixo de 100%.

A Figura 2.14 mostra um diagrama de blocos do que foi explicado. As três equações de estado desenvolvidas para os elementos presentes no cátodo são

$$\frac{dm_{O2,ca}}{dt} = W_{O2,ca,in} - W_{O2,ca,out} - W_{O2,reacted}$$

(2.12)

$$\frac{dm_{N2,ca}}{dt} = W_{N2,ca,in} - W_{N2,ca,out}$$

(2.13)

$$\frac{dm_{W2,ca}}{dt} = W_{V2,ca,in} - W_{V2,ca,out} - W_{V2,ca,gen} - W_{V2,menbrana} - W_{l,ca,out}$$

(2.14)

Os subscritos $O2$, $N2$ e $V2$ representam os vapores de oxigénio, azoto e água que se condensam na reação, enquanto os subscritos m e W representam as massas dos elementos e as respectivas velocidades à entrada e à saída do cátodo. A quantidade de oxigénio que reage (o2) e a quantidade de vapor produzido pela reação (v2) são calculadas a partir da corrente utilizando propriedades e princípios electroquímicos.

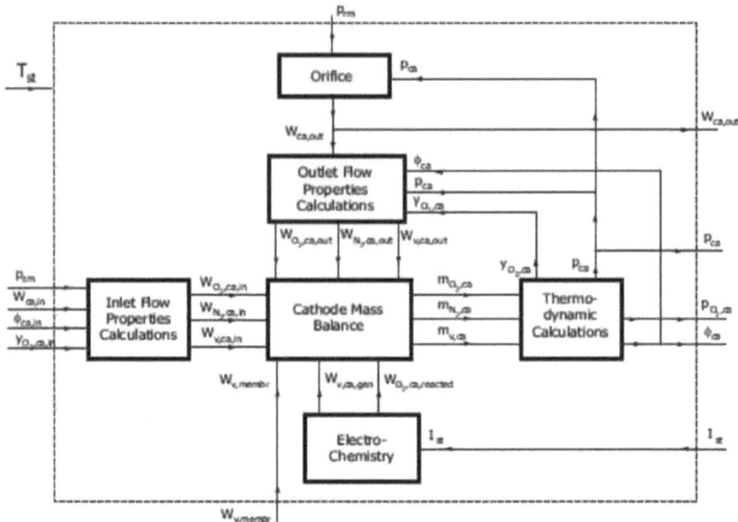

Fig. 2.14. Modelo de bloco de caudal mássico Catodo

$$\phi_{ca} = \frac{p_{v,ca}}{Psat(Tst)} \qquad (2.18)$$

$$W_{O2,reacted} = \frac{M_{O2.} * n * Ist}{4F} \qquad (2.19)$$

$$W_{v,can,generated} = \frac{M_{v,} * n * Ist}{2F} \qquad (2.20)$$

Na Figura 2.14, a humidade relativa do cátodo é simbolizada por ϕ_{ca} , enquanto a fração molar de oxigénio seco no ar é representada por $y_{O2,ca}$. Para calcular a pressão (p) e a humidade relativa no cátodo, é necessário partir da massa de oxigénio, de azoto, da quantidade de vapor e da temperatura da célula Tst, definidas pelas equações 2.15, 2.16 e 217, respetivamente, representando a primeira a pressão parcial de oxigénio $p_{,O2ca}$, a segunda a pressão parcial de azoto $pN2_{,ca}$ e a terceira a pressão parcial de vapor $pV_{,ca}$.

$$p_{O2,ca} = \frac{m_{O2,ca} R_{O_2} R_{st}}{Vca}$$

(2.15)

$$p_{N2,ca} = \frac{m_{N2,ca} R_{N_2} R_{st}}{Vca}$$

(2.16)

$$p_{V,ca} = \frac{m_{V,ca} R_v \, R_{st}}{Vca}$$

(2.17)

Os índices parciais de R são as constantes de cada elemento e o índice V indica o volume, sendo a pressão parcial do ar seco definida como a soma das pressões do oxigénio e do azoto. A humidade relativa é definida como

Onde Psat é a pressão de saturação do vapor. As propriedades electroquímicas são utilizadas para calcular a quantidade de oxigénio consumido e a quantidade de água produzida, que, como vimos, são funções da corrente que circula e são definidas pelas seguintes equações:

F é a constante de Faraday e (n) o número de células a colocar.

1.1.3. Modelo de fluxo anódico

Para o modelo do ânodo, temos de ter em conta as mesmas condições que as indicadas para o modelo do cátodo, exceto que sabemos que o hidrogénio é controlado por uma válvula e que provém de um tanque para

diferença de pressão entre o ânodo e o cátodo. A pressão parcial de hidrogénio H_2 no ânodo e a humidade relativa ϕ_{an} são calculadas através do equilíbrio das massas de hidrogénio e de água produzidas pela reação, como se mostra nas equações seguintes:

$$\frac{dm_{H_2,an}}{dt} = W_{H_2,an,in} - W_{H_2,an,out} - W_{H_2,an,reacted}$$

(2.21)

$$\frac{dm_{w,an}}{dt} = W_{v,an,in} - W_{v,an,out} - W_{v,menbrane} - W_{l,an,out}$$

(2.22)

O subscrito W representa a massa ou a quantidade, o subscrito v representa o vapor e o último termo da equação 2.22 representa a quantidade ou a taxa de Kchid que sai do ânodo durante a reação. A figura 2.15 ilustra a reação que ocorre no ânodo, enquanto a quantidade de hidrogénio consumido ou a taxa de consumo $W_{H_2,}$ é definida pela equação 2.23, que se baseia na corrente Ist que flui através do ânodo:

$$W_{H_2,reacted} = \frac{M_{H_2} * n * Ist}{2F}$$

(2.23)

Se o índice M representar a massa molar do hidrogénio, podemos dizer, tal como para o controlo proporcional da válvula, que a quantidade de hidrogénio que sai do ânodo é igual a zero.

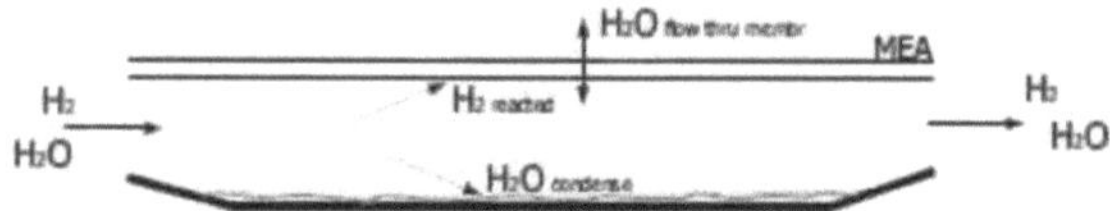

Figura 2.15. Corrente de massa anódica.

1.1.4. Modelo de hidratação da membrana

2-   O modelo de hidratação da membrana baseia-se no caudal mássico de água e na água contida na membrana, que se assume ser uniforme em toda a membrana em ambos os casos, sendo a mesma uma função da corrente através da célula e da humidade relativa no ânodo ou no cátodo. Para melhor compreensão, descreveremos o efeito do transporte de água através da membrana em dois sub-efeitos, que são idênticos:

$$N_{v,osmotic} = \frac{nd * i}{F}$$

(2.24)

$$J_{cp} \frac{dw_{cp}}{dt} = \tau_m - \tau_{cp}$$

(2.26)

a) O transporte das moléculas de água pelos protões, ou seja, o fenómeno de resistência electro-osmótica $Nv,osmótica$, que corresponde à resistência do ânodo ao cátodo, é definido pela equação 2.24. As moléculas de água são transportadas pelos protões através de uma corrente eléctrica :

em que nd é o coeficiente de arrasto e (i) o fluxo circulante.

b) O segundo fenómeno é o gradiente de concentração de água através da membrana, causado pela diferença de humidade entre o ânodo e o cátodo, em que a concentração de água cv é linear com a espessura da membrana.

A combinação destes dois fenómenos significa que o fluxo de água através da membrana é o mesmo:

$$W\, b = Nv,\; membrana\; Mv\; Afc\; n = Mv * Afc * nl \text{------------------} D\left(\cfrac{(nd * i\_C''_{-c}C''}{menbranew}\right) \Big|\, Ftm$$

Onde tm é a espessura da membrana, Dw é também um coeficiente calculado a partir do teor médio de água do cátodo e do ânodo e do coeficiente de resistência.

1.2. Modelo do compressor

O modelo do compressor pode ser dividido em duas partes, sendo a primeira uma representação estática do compressor utilizada para determinar o caudal de ar através do compressor, e a segunda composta pelo próprio compressor e pelo motor de inércia que determina a velocidade do compressor. Como mencionado anteriormente, o compressor é responsável pelo fornecimento de ar ao cátodo da célula. O modelo tem como entradas a temperatura do ar, que é de 25 graus, ou seja, a temperatura ambiente, a pressão do ar, a tensão injectada no motor e a pressão de cabeça, que é a pressão determinada no modelo de distribuição. O modelo de rotação, que representa o compressor, é descrito pela equação 2.26. Esta é a equação da pressão do ar.

O binário fornecido pelo motor ao compressor é determinado por T_{cp} enquanto o momento de carga é representado por Tm e Jcp é a inércia

motor e compressor combinados. O binário necessário para acionar o compressor é calculado utilizando as equações termodinâmicas apresentadas abaixo:

$$\tau_{cp} = \frac{C_p}{W_{cp}} \frac{T_{atm}}{\eta_{cp}} \left[\left(\frac{p_{sm}}{p_{atm}} \right)^{\frac{\gamma-1}{\gamma}} - 1 \right] W_{cp} \tag{2.27}$$

Em que C_p é a capacidade térmica específica do ar, γ é a razão térmica específica do ar e assume um valor de 1,4, Q_{cp} é o rendimento mecânico do compressor, psm é a pressão interna do circuito de alimentação catódica, patm é a pressão atmosférica e W_{cp} é o caudal através do compressor. O outro lado da equação de rotação, que representa o compressor, é definido pelo binário do motor, calculado da seguinte forma com base nas equações estáticas mencionadas:

$$\tau_m = \eta_{cm} \frac{k_t}{R_{cm}} (v_{cm} - k_v w_{cp})$$

(2.28)

Onde kv, kt e Rcm são constantes do motor e qcm é a eficiência mecânica do motor. A temperatura a que o ar deixa o compressor, Tcp, é calculada utilizando a seguinte equação termodinâmica:

$$T_{cp} = T_{atm} \frac{T_{atm}}{\eta_{cp}} \frac{k_t}{R_{cm}} \left[\left(\frac{p_{sm}}{p_{atm}} \right)^{\frac{\lambda-1}{\lambda}} - 1 \right]$$

(2.29)

Em que T_{atm} é a temperatura atmosférica e A é uma constante. Os valores de As constantes utilizadas nas equações estão resumidas no Quadro 2.2 :

Parâmetros	Valor	Unidades
Kv	0.0153	V (rad / seg)
kt	0.0153	N-m / Amp.
Rcm	0.82	Ohms
Hpm	98	%

Tabela 2.2. Constantes utilizadas nas equações do modelo

A Figura 2.16 mostra uma ilustração estática do compressor utilizada para determinar o caudal de ar fornecido ao compressor em função da relação entre as pressões de entrada e de saída e a sua velocidade de rotação.

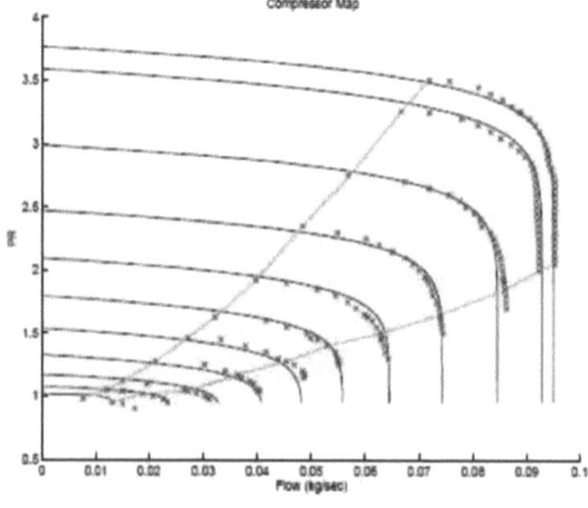

28

1.3. Modelo de circuito elétrico.

Podemos assumir que o modelo deste circuito, constituído pelos canais através dos quais o ar chega do compressor ao cátodo do sistema, depende da pressão a que o ar está sujeito e da temperatura que atingiu. A temperatura começa a subir e tem de mudar nos canais, pelo que para a análise da pressão vamos utilizar os princípios da conservação da massa e da energia, que são regidos pelas seguintes equações:

Em que V_{cm} é o volume dos tubos ou canais através dos quais o ar circula, T_{sm} é a temperatura do ar e R_a é a constante dos gases no ar.

Para calcular o fluxo de vapor de água em função das pressões p_{sm} e p_{sa}, utilizamos a equação de fluxo linearizada para o injetor, representada da seguinte forma

Em que K é a constante do injetor, pu a pressão mais elevada e pd a pressão mais baixa, que é o caso quando a diferença de pressão é pequena.

$$\frac{dm_{sm}}{dt} = W_{co} - W_{sm,out} \tag{2.30}$$

$$\frac{dp_{sm}}{dt} = \frac{\gamma R_a}{V_{cm}}\left(W_{cp}T_{cp} - W_{sm,out}T_{sm}\right) \tag{2.31}$$

$$W = K_{my}\left(pu - pd\right) \tag{2.32}$$

1.4. Modelo do arrefecedor de ar

A temperatura do ar que circula nos canais que o transportam é geralmente inferior à temperatura a que o ar sai do compressor, devido à elevada pressão a que o ar sai do compressor, pelo que é necessário ter um elemento que baixe esta temperatura para evitar possíveis danos na membrana. A temperatura a que o chiller retém o ar é de 80 graus Celsius e não tem em conta as propriedades de transferência de calor existentes, ou seja, é idealizada, pois assume-se que as pressões são iguais e não diminuem. Como a humidade do ar varia, calculamo-la de acordo com a seguinte equação:

$$\phi_{cl} = \frac{p_{v,cl}}{p_{sat}(T_{cl})} = \frac{p_{cl}\,p_{v,atm}}{p_{atm}\,p_{sat}(T_{cl})} = \frac{\phi_{atm}\,p_{cl}\,p_{sat}(T_{atm})}{p_{atm}\,p_{sat}(T_{cl})} \tag{2.33}$$

Neste caso, o índice parcial *(cl)* refere-se ao frigorífico, o índice *(p)* à pressão, ϕ_{cl} igual a 0,5 à humidade relativa do ar e p_{sat} à pressão de saturação do vapor, que depende da temperatura atmosférica T_{atm} e da temperatura do frigorífico T_{cl}.

1.5. Modelo do humidificador

O ar que entra no cátodo está a uma temperatura elevada, pelo que é necessário um sistema para o arrefecer, e o sistema que o faz é o humidificador, que introduz vapor de água a uma temperatura inferior para baixar a temperatura. A pressão total é, portanto, a diferença entre as duas pressões, ou seja, a pressão do ar seco menos a pressão do vapor, $p_{,acl} = p_{cl} - p_{,vcl}$. O volume do fluxo é considerado como parte do fluxo, porque é pequeno. Neste modelo, assume-se que a temperatura é constante, ou seja, $T_{cl} = T_{hm}$, enquanto a variação da humidade do ar é calculada utilizando o modelo. A pressão de saturação do vapor p_{sat} é calculada a partir do fluxo de temperatura, utilizando a equação :

$$\log_{10} P_{sat} = -1,69 \times 10 \; T^{-104} + 3,85 \times 10 \; T^{-73} + 3,39 \times 10 \; T^{-42} + 0,143T - 20,92$$

A pressão de vapor $pv_{,cl}$ é calculada *do* seguinte modo

$$pv, cl \; cl^{P} \; cl \; sat^{T} \; cl$$

A razão de humidade W_{cl} é calculada de acordo com a equação 2.36.

$$W_{cl} = \frac{M_v}{M_a} \frac{P_{v,cl}}{P_{a,cl}} \tag{2.36}$$

A massa molar do ar seco M_a é 28,83 x 10^{-3} Kg/mol e Mv é a massa molar do vapor. O caudal de saída W_{hm} do humidificador é determinado pela lei da continuidade das massas utilizando a seguinte equação:

$$W_{hm} = W_{a,cl} + W_{v,cl} + W_{v,inj} \tag{2.37}$$

A razão entre os caudais mássicos de ar seco $W_{a,cl}$ e de vapor de água $W_{v,cl}$ é a seguinte

$$W_{a,cl} = \frac{1}{1 + \omega_{cl}} W_{cl} \tag{2.38}$$

$$W_{v,cl} = W_{cl} - W_{a,cl} \tag{2.39}$$

O caudal de vapor injetado $w_{a,inj}$ é determinado pela equação :

$$W_{a,inj} = \frac{M_v}{M_a} \frac{\phi_{des} P_{sat} T_{cl}}{P_{a,cl}} W_{a,cl} - W_{v,cl}$$

(2.40)

Onde ϕ_{des} é a humidificação desejada. O aumento total da pressão p_{hm} é definido por

$$P_{hm} = P_{a,cl} - P_{v,hm}$$

(2.41)

$$P_{crit} = \left(\frac{P_{dl}}{P_{ul}}\right)_{crit} = \left(\frac{2}{\gamma+1}\right)^{\frac{\gamma}{\gamma-1}}$$

(2.42)

1.6.   Circuito de retorno

Após a reação catódica, resta água que deve ser evacuada através do circuito de retorno. Este deve ser controlado aquando da sua abertura por uma válvula que forma a saída para o exterior. Para calcular a potência do circuito de retorno, utilizamos as equações não lineares do injetor, que são as seguintes

$$W = \frac{C_D A_T p_u}{\sqrt{RT_u}} (pr)^{1/\gamma} \left\{ \left[\frac{2\gamma}{\gamma-1}\right] \left[1 - pr\right]^{(\gamma-1)/\gamma} \right\}^{1/2}$$

(2.43)

em que γ representa o rácio da capacidade térmica específica do gás, e a diferença de pressão é dada entre a pressão mínima p_{dl} e a pressão máxima p_{ul} . Para os caudais em que a perda de carga é inferior à pressão crítica, aplica-se a equação 2.43, em que W representa o caudal mássico e pres o rácio caudal crítico/pressão.

$$W = \frac{C_D A_T p_u}{\sqrt{RT_u}} (\gamma)^{1/2} \left[\frac{2\gamma}{\gamma+1}\right]^{(\gamma+1)/2(\gamma-1)}$$

(2.44)

T_u é a temperatura superior do gás, cd é o coeficiente de saída do injetor, at é a área de abertura e R é a constante universal. No caso

$$\frac{dp_m}{dt} = \frac{R_A T_M}{V_{rm}} (W_{ca,out} - W_{rm,out})$$

(2.45)

, em que a perda de carga é superior à pressão crítica, obtém-se a seguinte equação:

Ter em conta que a temperatura é igual à do cátodo, enquanto a pressão de retorno é determinada pela seguinte equação :

Em que V_{rm} é o volume do canal, o subscrito W indica o caudal à saída do cátodo e no canal, e T_M é a temperatura do gás.

1.7. Fluxo de hidrogénio

Como já foi referido, o hidrogénio encontra-se num recipiente e está sujeito a uma pressão elevada, pelo que pode ser visto como uma fonte de energia elevada que necessita de ser controlada por uma servo-válvula para assegurar a diferença de pressão entre o fluxo do ânodo e do cátodo. Como a ação da válvula é rápida, o fluxo de hidrogénio H2 pode ser controlado por um regulador que é retroativo à diferença de pressão entre o ânodo e o cátodo e é modificado pelas constantes K1 e K2, como se mostra na equação 2.46. Trata-se de um regulador PD.

$$W_{an,in} = K1(K2 * p_{sm} - p_{an})$$

(2.46)

Em que K1 é igual a 2,1 e K2 é igual a 0,91, sendo K1 o ganho proporcional e K2 a diferença na queda de pressão nominal entre o orifício do coletor e o cátodo.

5. Modelo de pilha em circuito aberto

5.1. Modelo Simulink da célula de combustível.

O modelo de estudo desenvolvido como parte do projeto de tese de Jay Tawee Pukrushpan **[2]** foi implementado em Simulink, e o seu funcionamento em circuito aberto é apresentado na Figura 2.17.

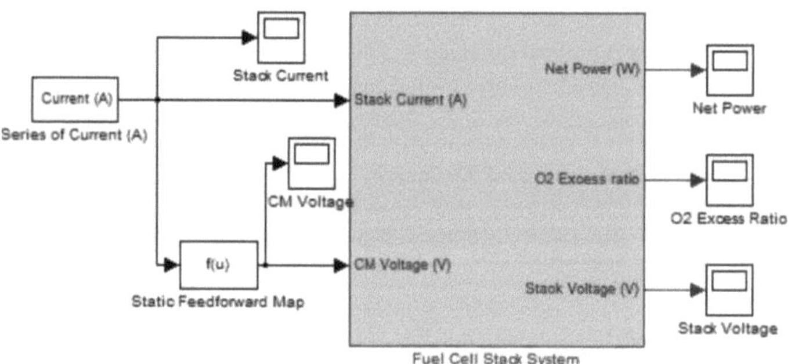

Fig. 2.17. Modelo em simulador da célula de combustível PEM utilizada em [2].

As entradas para o sistema são a corrente real e a tensão Vcp. A corrente provoca uma perturbação mensurável, que deve ser simulada se for constante e se variar ao longo do tempo sob a forma de degraus.

A tensão de entrada é a do compressor e é também influenciada pela corrente de arranque. As saídas são a tensão Vst fornecida pela chaminé, a razão de oxigénio entre a quantidade que entra na chaminé e a que reage no processo AO2 e a potência líquida fornecida pelo sistema P_{NET} .

Estas variáveis são tidas em conta porque são úteis para outras funções e são também fáceis de medir. Por exemplo, a tensão da bateria é tida em conta na deteção de avarias da bateria.

No modelo não linear de pilha de combustível implementado em Matlab em **[2]**, encontramos o bloco "Series of Current", cujo diagrama interno é mostrado na Figura 2.18. Este bloco tem um interrutor que permite obter uma

191 [A] ou uma série de correntes através da simples deslocação da posição, como mostra a Figura 2.19. As séries de correntes na simulação são executadas em intervalos de 4 segundos.

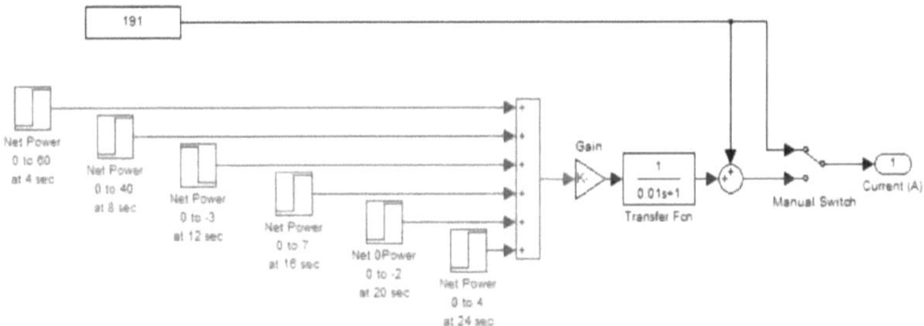

Fig. 2.18. Produção de corrente contínua.

O ganho K é o valor que permite reduzir a ordem de potência em 0,01, enquanto a função de transferência é de primeira ordem e só é utilizada quando a corrente é uma perturbação variável no tempo.

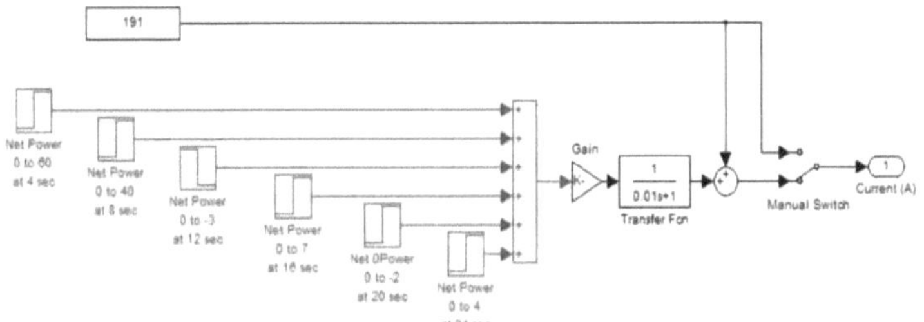

A Figura 2.17 mostra um controlador de avanço estático, como ilustrado na Figura 2.20.

O controlador tem uma equação matemática que garante que, qualquer que seja o valor da série de correntes, a tensão de entrada através do compressor é mantida num valor correspondente ao valor da perturbação ou da corrente mensurável.

A Figura 2.21 mostra os componentes internos da Figura 2.17, ou seja, o sistema não linear da célula de combustível PEM. Aqui encontramos o cotovelo de entrada e de saída, o compressor, o humidificador, o sistema de empilhamento em sL com as variáveis de estado, as variáveis de entrada e de saída e o fluxo de ar no ânodo.

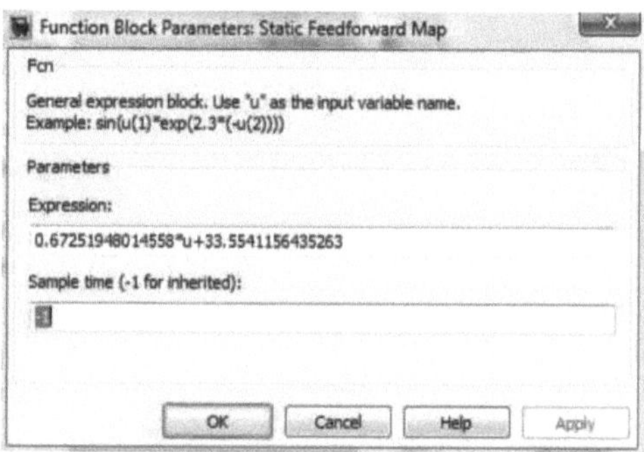

Fig. 2.20. Controlador estático Feedfoward.

Como já analisámos, a tensão de entrada do motor entra no compressor, que nos fornece o caudal de saída para o distribuidor de entrada e, ao mesmo tempo, a corrente que fará parte da perturbação mensurável.

Ao controlar o caudal do ânodo, são introduzidos a pressão de carga e o feedback sobre o teor de oxigénio da bateria, uma vez que o caudal necessário depende deles.

Esta relação dá-nos a corrente anódica, que é uma variável de estado, enquanto o distribuidor está ligado ao humidificador estático, o que nos dá outra variável de estado, a corrente anódica à entrada.

Depois de percorrer o sistema principal, obtemos as saídas indicadas na Figura 2.17, numeradas 1, 2 e 3, ou seja, a potência líquida PNET, a tensão da célula VST e a variação de oxigénio AO2, respetivamente. A saída de corrente catódica entra no coletor de saída para obter a pressão de saída catódica Psm, enquanto a variável de caudal do compressor Wcp entra no coletor de entrada do sistema.

A Figura 2.21 permite-nos decompor os subsistemas, como é o caso do modelo do compressor apresentado na Figura 2.22, que inclui o motor de inércia, o motor estático e o próprio compressor, referido na equação 2.25.

Como explicado na secção 2.4, o compressor é responsável pelo transporte do fluxo de ar para o cátodo e pelo fornecimento de corrente estática ao motor, como indicado nos números 1 e 3 da Figura 2.22. O compressor é também responsável pelo fornecimento de energia ao motor.

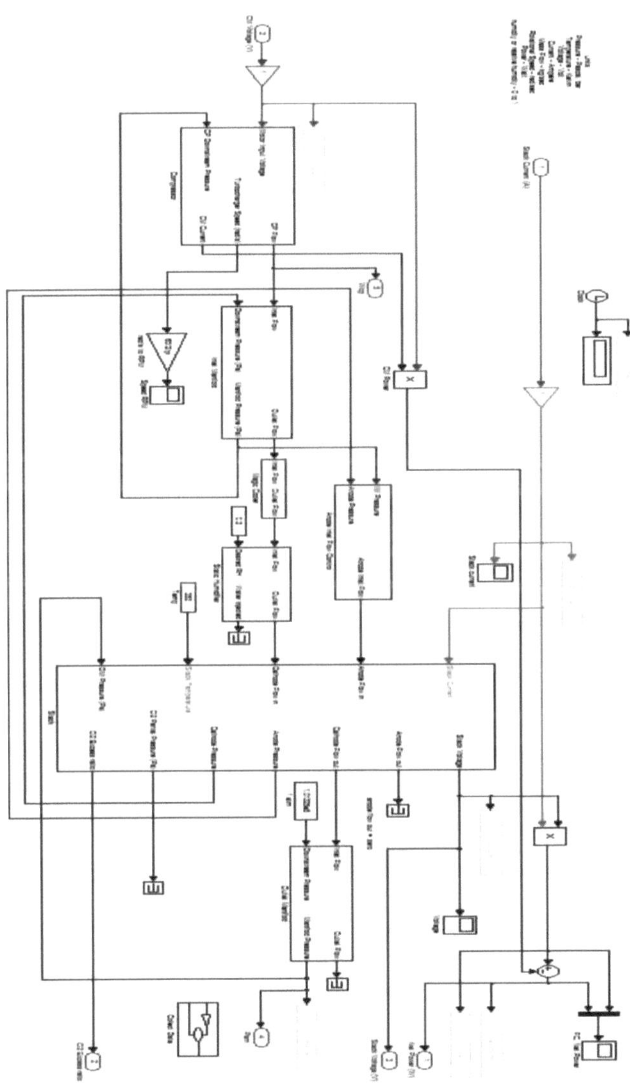

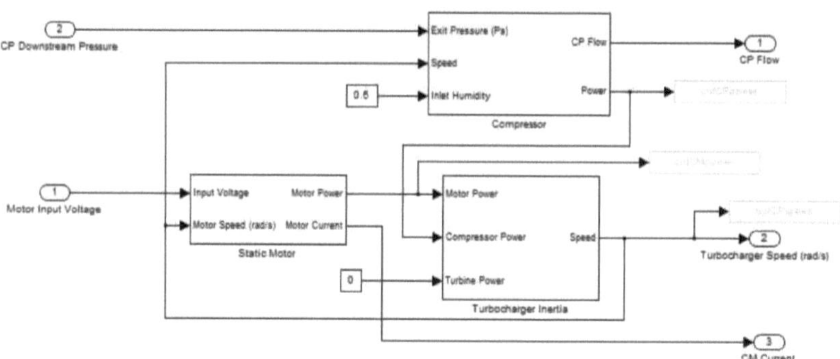

Fig. 2.22. Modelo de compressor implementado em Matlab.

A figura 2.23 mostra a regulação da entrada do ânodo, em que a função matemática indica um componente do caudal mássico total, sendo o outro componente a pressão do ânodo, enquanto a temperatura e a humidade relativa são valores constantes que podem ser representados na mesma figura. Para uma descrição mais pormenorizada, ver a secção 4.1.3.

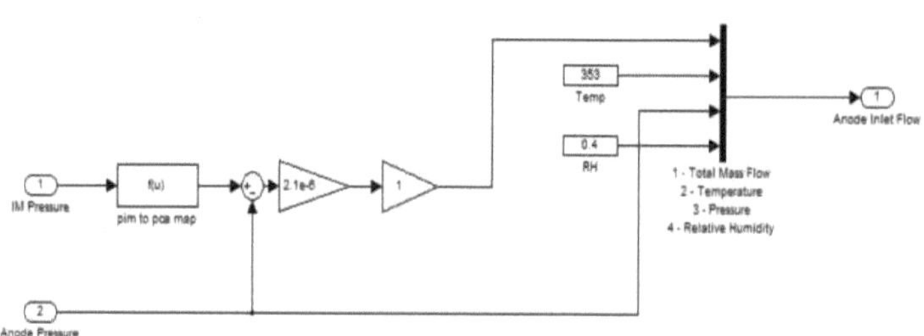

Fig. 2.23 Modelo de corrente de entrada anódica implementado em Matlab.

A figura 2.24 mostra o subsistema do coletor de saída, que depende da pressão do coletor de entrada, da pressão atmosférica, da pressão de fluxo, da humidade relativa e das moles de oxigénio no ar seco, enquanto as suas saídas são a massa do fluxo de ar, a pressão do coletor, em função da temperatura constante e da humidade relativa constante.

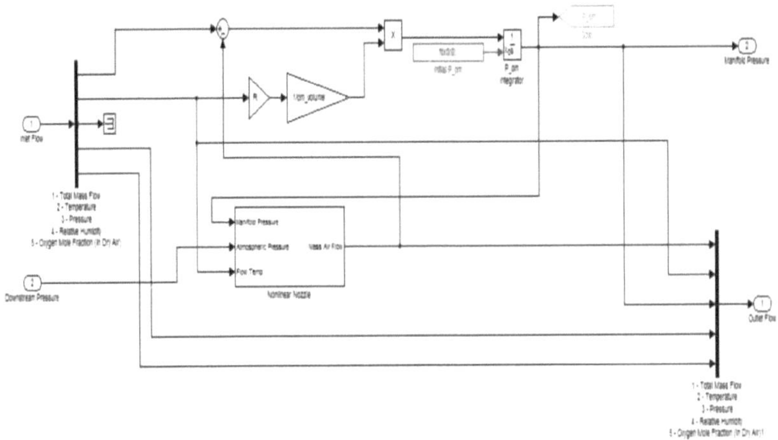

Fig. 2.24. Modelo do coletor de saída implementado em Matlab.

O modelo do humidificador é apresentado na figura 2.25, onde a caixa verde indica a igualdade das temperaturas indicadas no ponto 2.5, com o ar à temperatura desejada e a água recuperada do processo à saída. Os verões apresentados nesta figura reflectem as equações 2.33 a 2.35, nas quais é feita a análise principal da diferença de pressão existente.

Finalmente, a Figura 2.26 mostra o sistema principal de variáveis de estado, no qual são claramente visíveis as entradas e saídas e os outros subsistemas analisados neste capítulo. Com base nas equações e variáveis apresentadas na secção 2.1, tais como a corrente medida, a temperatura e outras variáveis apresentadas na figura, o subsistema de tensão fornece a tensão da célula como saída Hsic, enquanto o rácio de oxigénio provém do submodelo do fluxo de massa catódico.

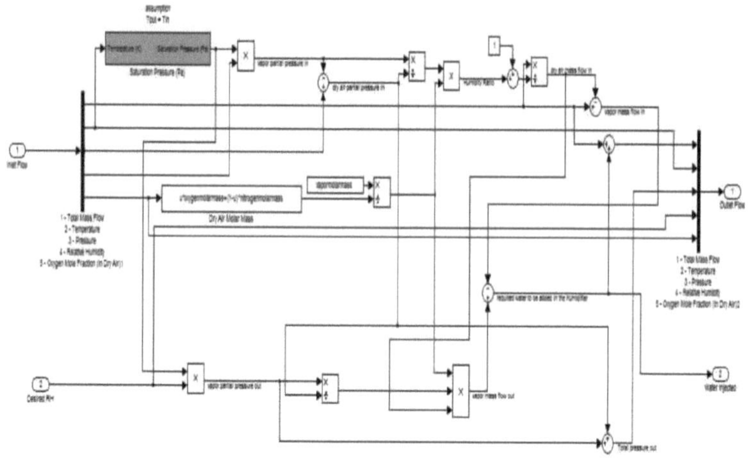

Fig. 2.25. Modelo de humidificador implementado em Matlab.

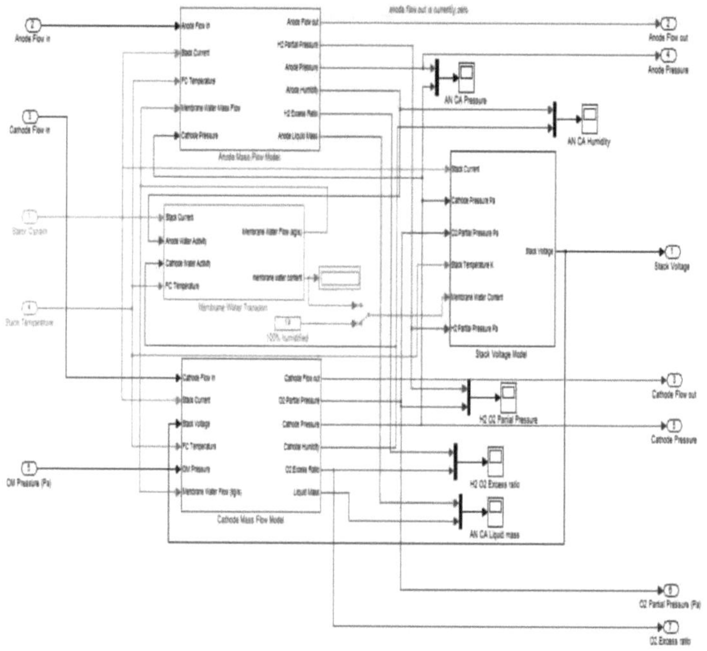

Fig. 2.26. Modelos parciais de variáveis de estado implementados em Matlab.

5.2. Simulações de células de combustível em circuito aberto

Depois de simular o sistema com uma corrente constante de 191 [A], a tensão do compressor, calculada como uma função da corrente de circulação, também permanece constante em 164 [V]. Isto resulta num rácio de oxigénio de cerca de 2 unidades, numa potência líquida de cerca de 40 KW, numa tensão de saída de cerca de 236 [V], e numa pressão Psm e corrente do compressor Wcp, mostradas nas Figuras 2.27, 2.28, 2.29, 2.30 e 2.31, respetivamente.

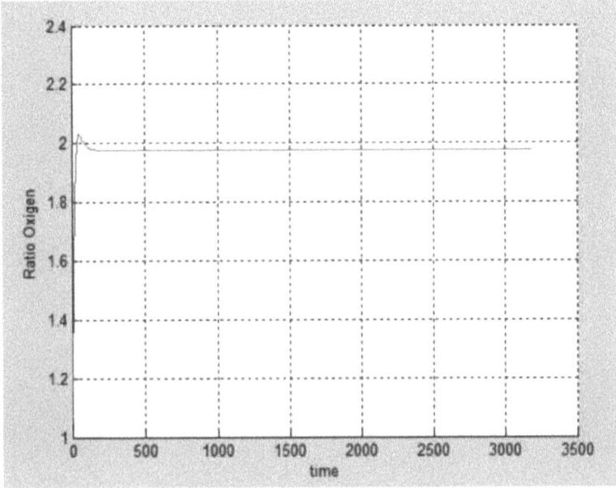

Figura 2.27. Rácio de oxigénio.

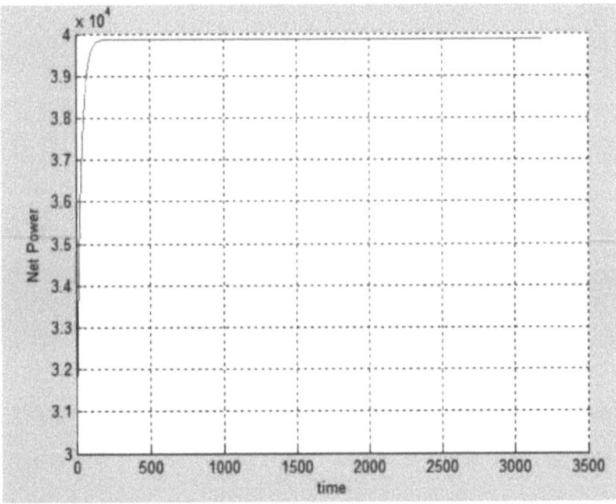

Figura 2.28. Desempenho líquido do sistema.

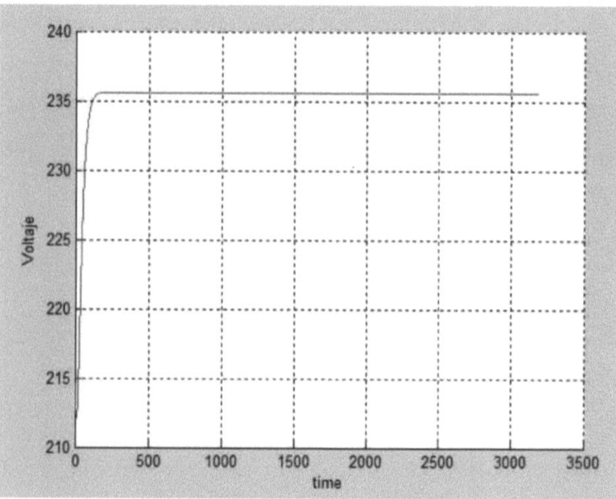

Fig. 2.29. Tensão de saída do sistema.

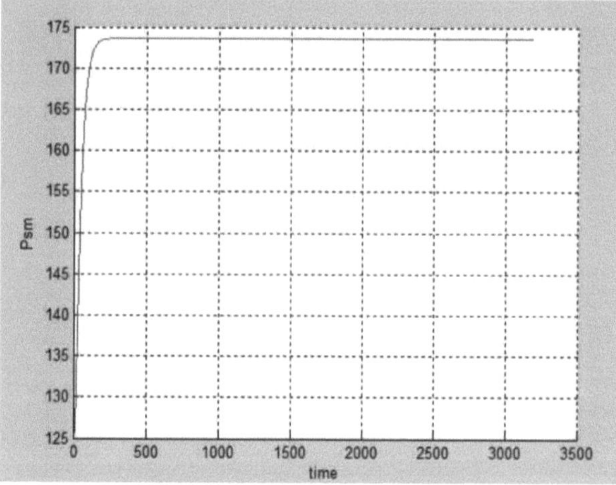

Fig. 2.30. Pressão de saída do coletor.

A saída do modelo Psm, que corresponde à pressão de distribuição, é multiplicada por um ganho de 0,001 e representada nesta ordem de grandeza, assim como a variável Wcp, que corresponde à corrente de saída do compressor, é multiplicada por um ganho de 0,0001 e representada nesta ordem de grandeza. A escala de tempo é de 30 segundos na simulação, enquanto o período de amostragem utilizado para as simulações é de 1,083 segundos.

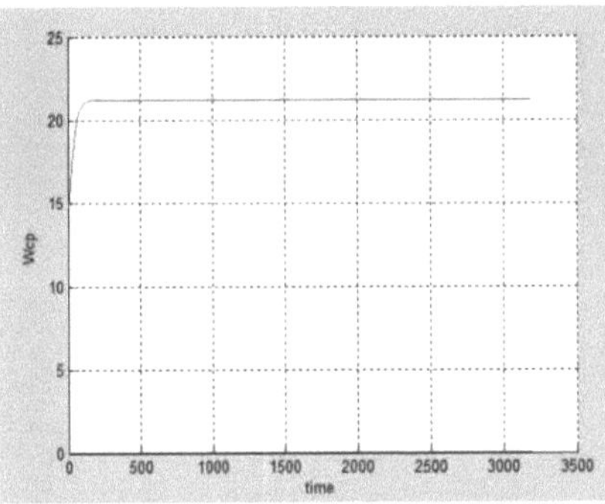

Figura 2.31. Corrente de saída do compressor.

No entanto, o valor da corrente é uma perturbação e se o interrutor interno for deslocado, vamos assemelhar-nos mais ao funcionamento real do sistema, devido a todas as considerações ideais que fizemos, então a tensão do compressor, que referimos como função da mesma, varia e não é constante. Como podemos ver, as saídas do sistema já descritas devem ter variações e não ser estáveis, o que se implementado podna danificar os actuadores.

A tensão de saída e a potência líquida apresentam um comportamento indesejável em resposta à variação da corrente TSI, como mostram as Figuras 2.32 e 2.33, enquanto a Figura 2.34 mostra que a razão de oxigénio varia e não se mantém constante no seu valor RMS de 2 e, finalmente, as Figuras 2.35 e 2.36 mostram a variação de Psm e Wcp. Em alguns casos, os transientes provocados podem danificar a célula, pelo que é necessário manter o valor desejado apesar das perturbações, razão pela qual iremos conceber o controlo para o caso analisado no próximo capítulo.

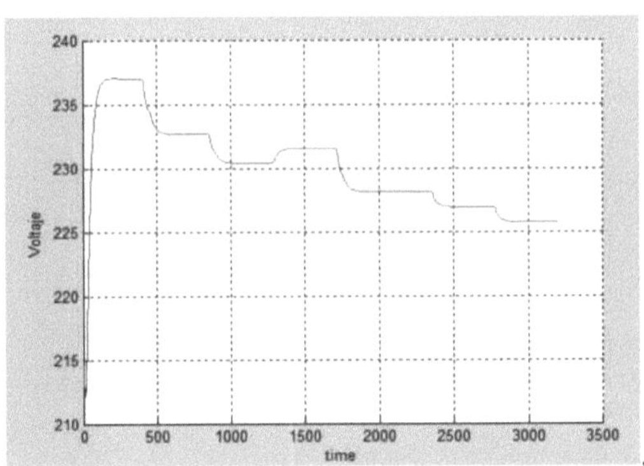

Fig. 2.32. Tensão de saída com perturbação de corrente variável.

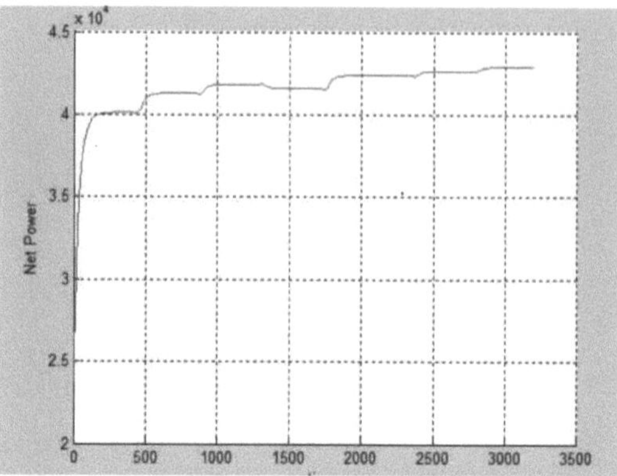

Fig. 2.33. Potência líquida com perturbação de corrente variável.

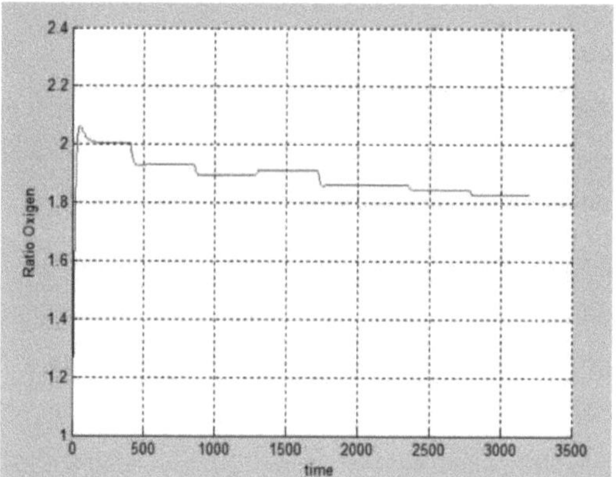

Fig. 2.34. Relação entre o oxigénio e a perturbação variável da corrente.

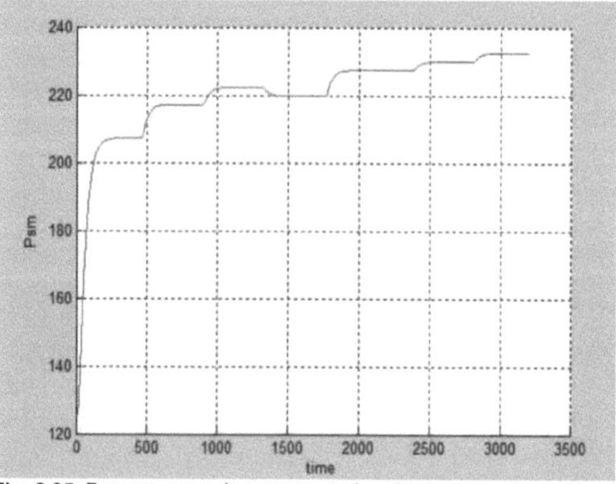

Fig. 2.35. Psm no caso de uma perturbação de corrente variável.

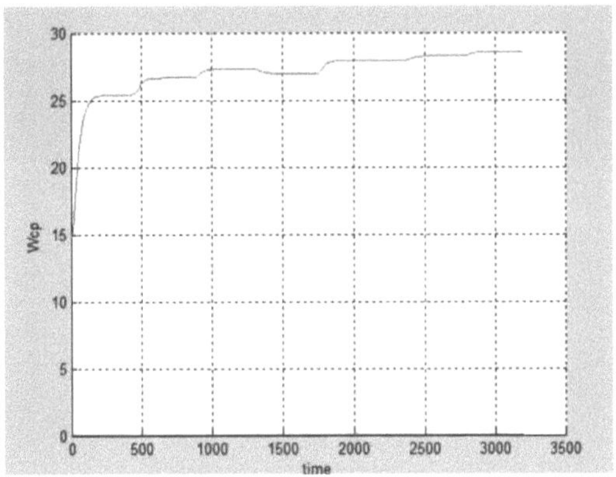

Fig. 2.36. Wcp para perturbação de corrente variável.

6. Análise estática

Depois de termos estudado a modelização da pilha de combustível, vamos agora concentrar-nos no sistema de alimentação de ar, no qual o motor do compressor serve de comando. Para a conceção, teremos principalmente em conta duas variáveis, sendo a primeira a concentração de oxigénio no cátodo e a potência útil do sistema, que vimos evoluir na simulação do parágrafo anterior. A potência líquida P_{net} é a diferença entre a potência gerada pela célula ou a potência entre os terminais da pilha e a potência necessária para o arranque dos sistemas auxiliares que compõem o sistema.

A maior parte da energia parasita consumida vai para o compressor de ar, pelo que é importante conhecer a proporção de oxigénio envolvida na reação. A quantidade indicada é muito importante, pois do seu valor depende a vida efectiva da pilha de combustível. A diferença entre o oxigénio que entra no $W_{O2,in}$ e o oxigénio que reage com o $W_{O2,react}$ chama-se razão, que é definida pela seguinte equação:

$$\lambda_{O2} = \frac{W_{O2.in}}{W_{O2,react}} \tag{2.47}$$

Embora o aumento da potência do compressor possa proporcionar uma tensão mais elevada, uma vez obtida a relação óptima, não é aconselhável que esta seja elevada, pois podemos prejudicar a estabilidade do sistema ao danificar o compressor. Em seguida, para diferentes valores de corrente de circulação, mostra-se no gráfico 2.37, as diferentes relações de oxigénio, sendo o valor mais eficaz entre 1,8 e 2,4, pois se ultrapassarmos este valor, não haverá mais oxigénio.

43

Se excedermos este valor, o desempenho global do sistema deixa de aumentar e temos de aumentar a quantidade de oxigénio para obter valores mais baixos.

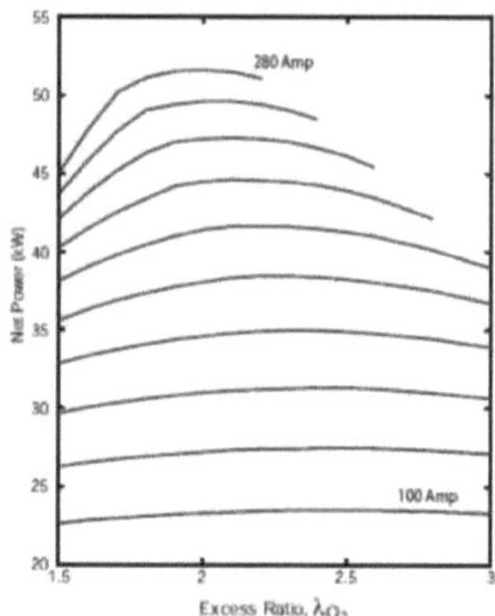

Fig. 2.37. Potência líquida a diferentes intensidades de corrente para relações de oxigénio.

A Figura 2.38 mostra os resultados obtidos por Bordons em **[3]**, onde também é indicado que a manutenção de uma relação de oxigénio baixa pode causar o *"efeito de fome"* que leva à destruição da pilha. Na figura acima, os triângulos representam a razão para a máxima eficiência, os asteriscos servem como critério de controlo para evitar o "efeito de fome", enquanto os círculos se devem à monitorização da tensão.

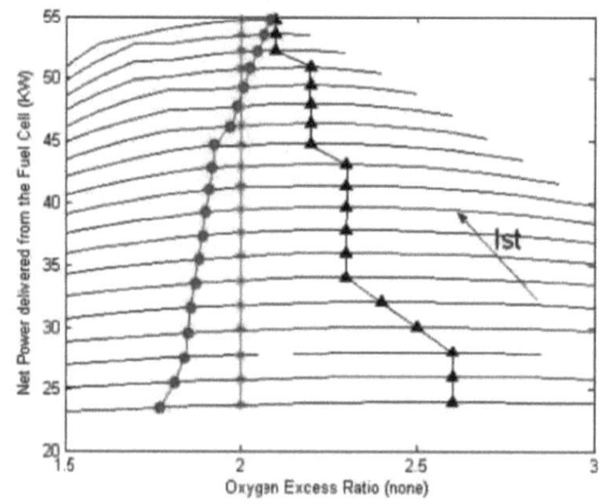

Fig. 2.38. Caminhos de controlo para diferentes valores de corrente da célula.

7. Linearização do modelo.

A linearização é um processo matemático que aproxima um sistema não linear de um sistema linear. Esta técnica é amplamente utilizada no estudo de processos dinâmicos e na conceção de sistemas de controlo, uma vez que fornece métodos analíticos gerais para a resolução de sistemas não lineares. Como resultado, obtém-se uma solução geral para o comportamento do processo, independentemente dos valores dos parâmetros e das variáveis de entrada. Isto não é possível para sistemas não lineares, uma vez que a solução computacional fornece uma solução para o comportamento do sistema que só é válida para determinados valores dos parâmetros e variáveis de entrada. Para a linearização, podemos, por exemplo, utilizar o método de aproximação por séries de Taylor, em que os estados ou a função são expressos como a soma de um termo constante mais as variações em torno deste valor. Num sistema Hsic, este termo constante é o ponto de funcionamento, que neste caso designamos por Q e que explicaremos mais adiante com mais pormenor. É geralmente aproximado pelo termo de primeira ordem da derivada para linearização.

No caso das variáveis de estado, podemos convertê-las na equação 2.49, definida da seguinte forma:

$$Ax\,(t) \text{---------} \frac{df\,(x,\,u\,)}{d\,xd} \text{``} Ax\,(t) + A\,u\,(t) \frac{|df\,(x,\,u\,)|}{u}$$

$$d\,h\,(x,\,u\,)|d\,h\,(x,\,u\,)|d\,h\,(x,\,u\,)|d\,h\,(x,\,u\,)|d\,h\,(x,\,u\,)|d\,h\,(x,\,u\,)|d\,h\,(x,\,u\,)|d\,h\,(x,\,u\,)|$$

$$Ay\,(t)Ax\,(t) + A\,u\,(t) \frac{d\,xd}{u}$$

$$y = f(x_1, x_2, ..., x_n) = f(\vec{x}) \approx$$

$$f(\vec{x}_0) + \frac{\partial f}{\partial x_1}\bigg|_Q \Delta x_1 + \frac{\partial f}{\partial x_2}\bigg|_Q \Delta x_2 + ... + \frac{\partial f}{\partial x_n}\bigg|_Q \Delta x_n \tag{2.48}$$

Neste caso, as matrizes diferenciais têm a seguinte forma :

$$\dot{\Delta x}(t) = \frac{\partial f(x,u)\big|_{x_0, u_0}}{\partial x} \Delta x(t) + \frac{\partial f(x,u)\big|_{x_0, u_0}}{\partial u} \Delta u(t) \tag{2.49}$$

$$\Delta y(t) = \frac{\partial h(x,u)\big|_{x_0, u_0}}{\partial x} \Delta x(t) + \frac{\partial h(x,u)\big|_{x_0, u_0}}{\partial u} \Delta u(t)$$

$$\frac{\partial f(x_0,u_0)}{\partial x} = \begin{bmatrix} \dfrac{\partial f_1(x_0,u_0)}{\partial x_1} & \dfrac{\partial f_1(x_0,u_0)}{\partial x_2} & \cdots & \dfrac{\partial f_1(x_0,u_0)}{\partial x_n} \\[2ex] \dfrac{\partial f_2(x_0,u_0)}{\partial x_1} & \dfrac{\partial f_2(x_0,u_0)}{\partial x_2} & \cdots & \dfrac{\partial f_2(x_0,u_0)}{\partial x_n} \\[2ex] \cdot & \cdot & \cdot & \cdot \\ \cdot & \cdot & & \cdot \\ \cdot & \cdot & \cdot & \cdot \\[1ex] \dfrac{\partial f_n(x_0,u_0)}{\partial x_1} & \dfrac{\partial f_n(x_0,u_0)}{\partial x_2} & \cdots & \dfrac{\partial f_n(x_0,u_0)}{\partial x_n} \end{bmatrix} \qquad (2.50)$$

$$\frac{\partial f(x_0,u_0)}{\partial u} = \begin{bmatrix} \dfrac{\partial f_1(x_0,u_0)}{\partial u_1} & \dfrac{\partial f_1(x_0,u_0)}{\partial u_2} & \cdots & \dfrac{\partial f_1(x_0,u_0)}{\partial u_r} \\[2ex] \dfrac{\partial f_2(x_0,u_0)}{\partial u_1} & \dfrac{\partial f_2(x_0,u_0)}{\partial u_2} & \cdots & \dfrac{\partial f_2(x_0,u_0)}{\partial u_r} \\[2ex] \cdot & \cdot & \cdot & \cdot \\ \cdot & \cdot & & \cdot \\ \cdot & \cdot & \cdot & \cdot \\[1ex] \dfrac{\partial f_n(x_0,u_0)}{\partial u_1} & \dfrac{\partial f_n(x_0,u_0)}{\partial u_2} & \cdots & \dfrac{\partial f_n(x_0,u_0)}{\partial u_r} \end{bmatrix} \qquad (2.51)$$

As matrizes de estado são representadas pela equação 2.52.

$$A = \left.\frac{\partial f}{\partial x}\right|_{x_0,u_0} \qquad B = \left.\frac{\partial f}{\partial u}\right|_{x_0,u_0}$$
$$C = \left.\frac{\partial h}{\partial x}\right|_{x_0,u_0} \qquad D = \left.\frac{\partial h}{\partial u}\right|_{x_0,u_0} \qquad (2.52)$$

O resultado é o modelo de espaço de estados descrito na equação 2.53.

$$x = Ax + Bu$$
$$y = Cx + Du$$

Nas secções anteriores, descrevemos o modelo completo da pilha de combustível PEM, incluindo os subsistemas auxiliares que a compõem e o seu modo de funcionamento. No entanto, para aplicar os critérios de controlo, é necessário obter o modelo linearizado que será posteriormente implementado na ferramenta Simulink do Matlab. A ferramenta Matlab executa então automaticamente o processo descrito nas equações anteriores.

No sistema linear da equação 2.53, a matriz A é designada por matriz de estado, a matriz B por matriz de entrada ou de controlo, a matriz C por matriz de saída e a matriz D por matriz de transição direta:

As matrizes características apresentadas na equação 2.53 são calculadas em função do ponto de funcionamento que maximiza o desempenho do sistema, como já sugerimos, evitando que o rácio seja inferior a dois para evitar fenómenos como a inanição, o ponto tem então as seguintes propriedades

4- P_{net} = 40 KW, A_{O2} = 2, 1° = 191 [A], V_{cm} = 164 [V].

O modelo não linear tem 9 estados, mas como há uma molhagem completa do cátodo pela membrana durante a reação em condições nominais, reduziremos este estado no modelo linearizado, ou seja, as matrizes características terão 8 estados, sendo o estado em falta a massa de água no cátodo. Isto é feito sem ter em conta a condensação do líquido, uma vez que a pressão de vapor a temperatura constante é igual à pressão de vapor de saturação. Um estado que é incluído é a pressão de vapor do ânodo, uma vez que este será um estado observável durante a linearização. Como já sabemos, os estados representados por (*x*), ou seja, os oito estados considerados, são definidos pelo vetor :

$$x = [m_{O_2}, m_{H_2}, m_{N_2}, w_{cp}, p_{sm}, m_{sm}, m_{w.an}, p]_{rm}^T$$

O vetor de entrada, representado por u, é definido do seguinte modo

$$u = [v_{cm}, I]_{st}^T$$

O vetor de despesas, representado por y, é definido por :

$$y = [w_{cp}, p_{sm}, V]_{st}^T$$

As unidades correspondentes são

I- massa (gr), pressão (bar) e caudal (gr/s).

Depois, utilizando a ferramenta MATLAB, obtivemos as matrizes que vamos utilizar como modelo de espaço de estados para o controlo correspondente.

As matrizes de estado A, B, C e D são as seguintes

$$A = \begin{bmatrix} 6.309 & 0 & -10.9544 & 0 & 83.74458 & 0 & 0 & 24.05866 \\ 0 & -161.083 & 0 & 0 & 51.52923 & 0 & -18.0261 & 0 \\ -18.7858 & 0 & -46.3136 & 0 & 275.6592 & 0 & 0 & 158.3741 \\ 0 & 0 & 0 & -17.3506 & 193.9373 & 0 & 0 & 0 \\ 1.299576 & 0 & 2.969317 & 0.3977 & -38.7034 & 0.105748 & 0 & 0 \\ 16.64244 & 0 & 38.02522 & 5.066579 & -479.384 & 0 & 0 & 0 \\ 0 & -450.386 & 0 & 0 & 142.2084 & 0 & -80.9472 & 0 \\ 2.02257 & 0 & 4.621237 & 0 & 0 & 0 & 0 & -51.2108 \end{bmatrix}$$

$$B = \begin{bmatrix} 0 & -0.03159 \\ 0 & -0.00398 \\ 0 & 0 \\ 3.946683 & 0 \\ 0 & 0 \\ 0 & 0 \\ 0 & -0.05242 \\ 0 & 0 \end{bmatrix}$$

$$C = \begin{bmatrix} 0 & 0 & 0 & 5.066579 & -116.44 & 0 & 0 & 0 \\ 0 & 0 & 0 & 0 & 1 & 0 & 0 & 0 \\ 12.96989 & 10.325 & -0.56926 & 0 & 0 & 0 & 0 & 0 \end{bmatrix}$$

$$D = \begin{bmatrix} 0 & 0 \\ 0 & 0 \\ 0 & -0.29656 \end{bmatrix}$$

CAPÍTULO III

ESTADO DA ARTE SOBRE OS ASPECTOS DE CONTROLO DE
CÉLULAS DE COMBUSTÍVEL PEM

Como já analisámos em capítulos anteriores, a reação que ocorre na célula de combustível merece a atenção de muitos factores, como a humidade, o calor, a temperatura, entre outros, a que se juntam os rápidos estados transitórios de funcionamento durante a reação eletroquímica. Por este motivo, deve ser dada particular atenção às variáveis mensuráveis de potência e de saída, uma vez que uma alteração das condições de funcionamento ou das variáveis de entrada pode conduzir a valores indesejáveis na célula, que não só não cumprem os requisitos a que nos propusemos e reduzem a eficiência, como podem danificar a própria célula. Neste capítulo, analisaremos o que outros autores fizeram sobre o controlo de variáveis de funcionamento transcendentais, as mesmas em que se baseiam:

- **4** Regulação da potência líquida.
- **4** Controlo do nível de oxigénio.
- **4** Controlo da tensão da célula.
- **4** Controlo do fluxo de ar do compressor.
- **X** Verificar a alimentação de hidrogénio.
- **4** controlabilidade do sistema.
- **4** Melhorar a eficiência do sistema.

1. Regulação da potência líquida do sistema.

Uma das principais aplicações da pilha de combustível é em aplicações automóveis, onde a sua função é fornecer a carga necessária para o funcionamento do sistema, o que depende das características do próprio veículo e do perfil do condutor, ou seja, como o condutor gere a potência fornecida pela sua ferramenta, o que pode ser melhor ilustrado em **[4]**. Antes de analisar os trabalhos e os resultados relativos à regulação da potência, é necessário recordar que existem variáveis de controlo relevantes para o funcionamento que nos permitem obter um bom desempenho da carga líquida que a célula PEM fornece a todo o sistema, nomeadamente o caudal de ar e de hidrogénio à entrada, a pressão, a temperatura da célula, a humidade da membrana e o ar que circula no sistema. No trabalho de Golbert e Lewin [5], tentamos mostrar que o controlo preditivo é suficientemente eficaz para criar um controlo robusto, de modo a que o consumo de hidrogénio seja reduzido, ao mesmo tempo que se procura a maior carga líquida ou potência de saída. Neste livro, utilizamos um controlador PID para controlar a ação dos travões e do acelerador à medida que a velocidade do motor muda, resultando num cálculo da potência necessária para atingir essa combinação utilizada pelo condutor. A implementação utiliza então um FCS como parte do MPC principal, utilizando controladores PID para enviar o ponto de regulação da potência para o controlador principal. O controlador principal manipula então as variáveis de controlo mencionadas para fornecer a potência requerida pelo FCS. Em conclusão, este livro mostra que, através da conservação do hidrogénio, é possível satisfazer as necessidades flutuantes de energia, melhorando simultaneamente a eficiência do sistema.

2. Controlo do nível de oxigénio.

No trabalho de Pukrushpan et al [6], o controlo do rácio de oxigénio é conseguido através da implementação de um controlador PI no compressor, sendo o seu comportamento transitório melhorado através da aplicação de técnicas de observação linear, o que é ainda melhorado quando a tensão da célula é utilizada como variável mensurável para a realimentação do controlo. Isto deve-se ao facto de os dispositivos auxiliares pertencentes ao funcionamento da célula serem alimentados pela mesma energia que a célula, resultando num conflito entre a potência fornecida e o rácio de oxigénio; no entanto, o livro menciona que este problema, embora não faça parte do comportamento desejado, pode ser resolvido utilizando fontes de alimentação auxiliares para os outros componentes.

No trabalho de Grujicic et al [7], a otimização do comportamento transitório da célula de combustível PEM é analisada utilizando estratégias de controlo baseadas em modelos. O controlador é então responsável por manter a pressão parcial de oxigénio no cátodo em função de diferentes exigências de carga, ou seja, variações na procura de corrente. Os resultados obtidos mostram que é possível manter o teor de oxigénio no cátodo nos valores requeridos com o controlo piloto, manipulando o motor do compressor. No entanto, o comportamento da potência não é eficaz em condições transitórias, pelo que é aconselhável utilizar uma alimentação secundária para os elementos auxiliares. No mesmo trabalho, é adicionado um controlador de realimentação para reduzir o erro em estado estacionário, mas isso não significa que a configuração híbrida deixe de ser utilizada para melhorar o desempenho das variáveis de potência.

No trabalho de Vahidi et al **[8]**, procura-se uma solução para as alterações no nível da fração de oxigénio durante as mudanças de carga ou corrente. Para os resultados, é analisado um sistema híbrido constituído por um BZ e condensadores de alta eficiência, sendo o MPC baseado na otimização de uma função de custo que prevê uma resposta do sistema para um horizonte futuro, com excelentes resultados para o controlo do nível de oxigénio, mas sem analisar os transitórios de potência.

No trabalho de Bordons et al **[3]**, o problema do rácio de oxigénio é abordado de modo a mantê-lo entre os valores desejados, tendo em conta o problema do fenómeno de "starvation", que indica que o valor efetivo de funcionamento do rácio é 2. Neste livro, trabalhamos com o "controlo preditivo limitado", em que o controlo preditivo de modelos e o controlo preditivo geral são utilizados como controladores.

3. Controlo da monitorização da tensão das células de combustível.

No trabalho de Bordons et al **[3]**, o acompanhamento da tensão incide sobre as variáveis de tensão do compressor e a válvula de controlo do hidrogénio, utilizando o controlo MPC e GPC com restrições na conceção do controlador. Verifica-se que a eficiência aumenta quando a monitorização é efectuada para valores pequenos. É também analisado em que valores da razão de oxigénio é mais fácil realizar um seguimento correto. Verifica-se também que os transientes obtidos são melhor controlados a valores de carga baixos.

4. Controlo do fluxo de ar do compressor.

Em **[9]**, são utilizadas várias estratégias de controlo ótimo para controlar as variáveis do fluxo de ar, incluindo o controlo LQR e o controlo LQG, em que é tratado um sistema reduzido de células de combustível com três estados. Para implementar o controlo, são introduzidos um integrador e um observador (LQR), para além da conceção do filtro de Kalman (LQG). O livro conclui com a relação direta entre os valores de carga enviados e o caudal de ar do compressor, e a entrada de tensão do compressor é utilizada para efetuar o controlo, sendo a corrente tomada como uma perturbação mensurável da entrada.

5. Controlo do fornecimento de hidrogénio.

No trabalho acima referido, o objetivo do controlo do fornecimento de hidrogénio é regular a pressão do hidrogénio independentemente da pressão atmosférica, tendo em conta a carga como uma perturbação de entrada. Isto é claro no trabalho de W. Yang et al **[10]**, onde o objetivo é também reduzir a diferença de pressão através da membrana para evitar danos. Se for utilizada a pressão, o caudal de hidrogénio pode ser controlado por uma válvula e, se a sua dinâmica for rápida, pode ser controlado por um controlador proporcional baseado na realimentação da diferença de pressão, tal como discutido no trabalho de *J. Pukrushpan et al* **[11].** No presente trabalho, é instalada uma válvula de drenagem na saída do ânodo para remover o excesso de água e pode ser utilizada para reduzir a pressão, se necessário. No caso do fornecimento de hidrogénio pressurizado, este controlo não é tão crítico. No entanto, no trabalho de *J. Pukrushpan et al* **[2],** é utilizada uma fonte externa "de bordo", que tem um comportamento transitório lento, pelo que o seu controlo é essencial. Neste caso, deve ser considerado se a fonte deve ser substituída por um gás rico em hidrogénio. No entanto, este efeito pode conduzir ao fenómeno de "fome de hidrogénio" **analisado no** trabalho de *S. Varigonda et al* **[12].**

6. controlabilidade do sistema.

Nos sistemas de células de combustível, aumentar a eficiência é uma questão de grande importância, mas manter a controlabilidade do sistema é também essencial. No trabalho de Serra et al **[13],** a eficiência e a controlabilidade do sistema **são** estudadas em dois pontos de funcionamento diferentes, sendo o primeiro ponto de funcionamento referente à corrente mínima necessária para atingir a potência pretendida e o segundo ponto de funcionamento em que é utilizada uma grande quantidade de corrente à entrada, criando um problema entre a eficiência e a controlabilidade. Assim, o primeiro ponto de funcionamento proporciona um melhor rendimento, enquanto o segundo ponto de funcionamento se caracteriza por uma melhor controlabilidade. Este livro fornece, portanto, um compêndio destas duas grandezas.

7. Melhoria da eficiência do sistema.

É importante estudar o comportamento das células de combustível num ponto de carga de funcionamento baixo, a fim de conseguir um menor consumo de hidrogénio, mantendo ao mesmo tempo níveis de desempenho elevados. No trabalho de D.

Friedman et al [14], o subsistema de alimentação de ar desempenha um papel crucial na melhoria do desempenho do sistema. O subsistema de ar também é importante porque a curva de polirredução depende parcialmente dele. A pressão do ar e o controlo da pressão parcial de oxigénio na camada catódica do catalisador determinam a polarização do cátodo e, por conseguinte, a sua eficiência. No trabalho de W. Yang et al [15], a importância do controlo da pressão atmosférica é tida em conta para melhorar a eficiência do empilhamento. A melhoria da eficiência a uma determinada carga baseia-se numa combinação da pressão atmosférica, da isoquímica do ar e do aumento da carga parasita do compressor.

No trabalho de Friedman et al [16], é demonstrado que um FCS pode ser optimizado para obter valores de potência elevados e uma gama mais ampla de potência de saída. A chave para o conseguir é variar a pressão do ar e o caudal. Podemos concluir que um FCS deve funcionar a uma pressão muito elevada. No entanto, a quantidade de energia necessária para comprimir a quantidade de ar necessária pode influenciar o resultado, dependendo se a fonte de ar é fixa ou não, porque a potência necessária pelo compressor aumenta consideravelmente à medida que a pressão aumenta. Isto significa que é possível encontrar uma combinação eficaz entre o caudal de ar necessário e a pressão.

Uma conclusão semelhante é tirada no trabalho de M. Grujicic [17], que assume que a potência líquida do FCS pode ser definida, grosso modo, como a diferença entre a potência gerada pelo FCS e a potência consumida pelo compressor, pelo que, a cada carga eléctrica, um aumento do caudal de ar aumenta a pressão catódica, o que aumenta a pressão parcial de oxigénio e a tensão do FCS. Isto leva a um aumento da razão parcial de oxigénio, pelo que este aumento inicial aumenta o valor da potência FCS e, por conseguinte, a potência líquida do sistema. No entanto, se o valor Kmite da relação exceder o valor permitido, a potência excessiva do compressor leva a uma queda da potência líquida, pelo que existem valores actuais que dão um valor nominal da relação que fornece a potência RMS antes de cair.

CAPÍTULO IV

ESTRATÉGIAS E PROCEDIMENTOS DE CONTROLO PARA CÉLULAS DE COMBUSTÍVEL PEM

1. Estudo da controlabilidade e da observabilidade do sistema.

Uma vez definidas as matrizes para o sistema linear, o comando "BALREAL" do Matlab classifica as variáveis de estado por ordem decrescente de acordo com as suas características e propriedades de controlabilidade e observabilidade, começando pelas mais observáveis e controláveis e descendo até às menos observáveis e controláveis. De seguida, aplicamos os critérios para verificar a ordem de controlabilidade das matrizes através do comando "CTRB" do Matlab e, da mesma forma, verificamos a ordem de observabilidade através do comando "OBSV", tendo em conta que as matrizes que entram nestes comandos são as do sistema de 8 estados descrito na tese de J. Pukrushpan [2]. O resultado do intervalo de aplicação dos comandos mostra que o sistema não é observável nem controlável em todo o seu intervalo, uma vez que o resultado dos comandos é 6, enquanto a ordem da matriz A descrita no capítulo anterior é 8.

Por conseguinte, nesta secção, faremos uma análise comparativa do sistema variável de 8 estados e do sistema variável de 6 estados, a fim de estudar os efeitos do controlo ótimo e do controlo preditivo. Para o controlo adaptativo, reduziremos para uma ordem inferior na secção correspondente, porque um sistema de ordem 6 pode comportar-se como um sistema de ordem 2 ou 3 e podemos assim aumentar a eficiência do controlo.

O nosso objetivo de controlo é controlar as variáveis Wcp, AO2 e Vst em função da tensão de entrada e da corrente medida como perturbação do sistema.

1.1. Modelo de pilha de combustível totalmente linear (PEM)

Com as matrizes A, B, C e D do processo de linearização e depois de aplicar a seguinte linha de comando:

SYS=ss (A, B, C, D)

[SR, G] = balreal (SYS)

SRU = modred (SR,[7 8])

O comando "ss" transforma o sistema num espaço de estados e o comando "modred" remove os estados 6 e 7, que podemos ver no vetor G como os menos observáveis e controláveis.

G = [0.5449 0.4569 0.0694 0.0080 0.0028 0.0004 0.0001 0.0001]

Depois de aplicar o comando "ss2tf" do Matlab, que transforma as matrizes em funções, a função de transferência correspondente é a seguinte, com o modelo de 8 estados para o seguimento de restrições:

O diagrama de Bode resultante é o seguinte:

$$\frac{Vst}{Vcp} = \frac{2294s^5 + 5.609 \times 10^5 s^4 + 3.483 \times 10^{7.5} s^3 + 6.14 \times 10^8 s^2 + 2.088 \times 10^9 s + 1.78 \times 10^9}{s^8 + 4019s^7 + 5.11 \times 10^4 s^6 + 2.72 \times 10^6 s^5 + 6.58 \times 10^7 s^4 + 7.01 \times 10^8 s^3 + 2.8 \times 10^9 s^2 + 4.5 \times 10^9 s + 2.5 \times 10^9} \tag{4.1}$$

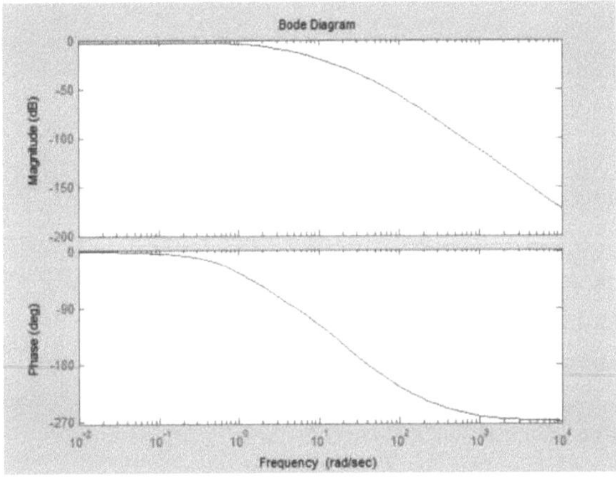

Fig. 4.1 Diagrama de Bode para 8 variáveis em função de Vst.

A segunda variável que iremos tratar, como já foi descrito, é o Wcp, uma vez que o fluxo de hidrogénio é controlado por uma servo-válvula, pelo que é aplicado um controlo PI local. No entanto, o fluxo de ar através do cátodo é de importância crucial, uma vez que o consumo de oxigénio pode variar o nível do rácio, conduzindo a um comportamento indesejável. Deve também ter-se em conta que nem todo o oxigénio no sistema reage, pelo que o fluxo de ar deve ser controlado para atingir os requisitos correctos do sistema.

A função de transferência de 8 estados do Wcp em relação à tensão do compressor é dada pela equação 4.2 :

Fig. 4.2 Diagrama de Bode para 8 variáveis em relação a Wcp.

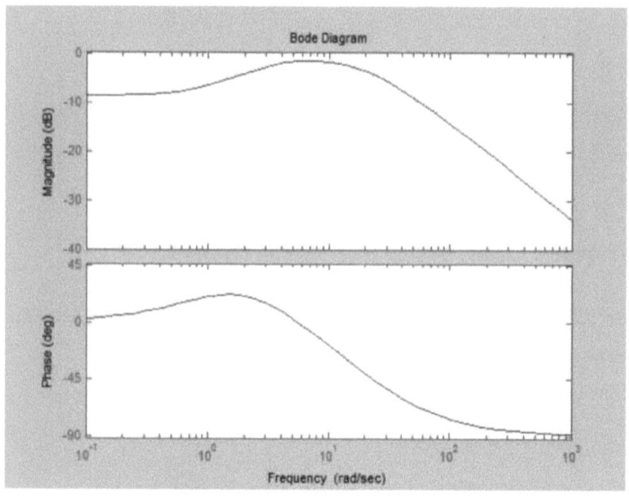

$$\frac{Wcp}{Vcp} = \frac{20s^5 + 2667s^4 + 8.3x10^4 s^3 + 3.1x10^4 s^2 + 4.21x10^5 s + 1.87x10^5}{s^6 + 159.9s^5 + 7539s^4 + 1.16x10^5 s^3 + 5.25x10^5 s^2 + 8.9x10^5 s + 5.08x10^5}$$

(4.2)

$$\frac{\lambda O_2}{Vcp} = \frac{21.73s^4 + 1574s^3 + 7911s^2 + 1.36x10^4 s + 7152}{s^6 + 159.9s^5 + 7539s^4 + 1.16x10^5 s^3 + 5.25x10^5 s^2 + 8.9x10^5 s + 5.08x10^5}$$

(4.3)

A Figura 4.2 mostra o diagrama de Bode do sistema inicial com os 8 estados relativos a Wcp.

A variação do teor de oxigénio é importante para a vida da bateria e para evitar a fome. Por este motivo, o diagrama de Bode da razão de oxigénio no sistema incontrolável de 8 estados é apresentado na Figura 4.3.

A função de transferência para o diagrama 4.3 é a apresentada na equação 4.3.

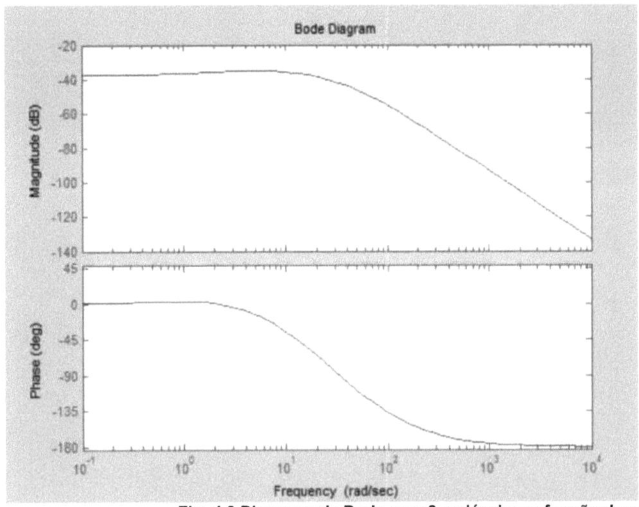

Fig. 4.3 Diagrama de Bode para 8 variáveis em função de A02

1.2. Modelo de uma célula de combustível linear de sexta ordem (PEM)

O modelo reduzido deve ter a mesma forma que o modelo original, exceto que a posição das matrizes características aumenta para seis, de modo que o novo sistema de espaço de estados é o seguinte

$$x_R = A_6\, x_R + B_6\, u$$
$$y_R = C\, x_{6R} + D\, u_6$$

$$A_6 = \begin{bmatrix}
-14.48 & -5.387 & 2.005 & -5.868 & 1.201 & 0.4377 \\
-16.31 & -9.007 & 2.663 & -3.983 & 0.9456 & 0.6512 \\
-2.565 & -2.196 & -1.491 & 1.828 & -0.5967 & -0.8756 \\
-6.092 & -5.267 & -3.776 & -45 & 13.21 & 2.656 \\
1.074 & 0.8774 & 1.049 & 10.49 & -4.966 & -3.087 \\
0.084 & -0.00479 & 0.6832 & 0.016 & -3.721 & -21.1
\end{bmatrix}$$

Variáveis de estado :

$$B_6 = \begin{bmatrix} 3.361 & 2.117 \\ 2.275 & 1.747 \\ 0.442 & -0.1072 \\ 0.6825 & 0.5069 \\ -0.1649 & -0.01616 \\ -0.0806 & 0.1062 \end{bmatrix}$$

$$C_6 = \begin{bmatrix} 3.945 & 2.73 & -0.274 & 0.785 & -0.1646 & -0.0734 \\ 0.0172 & -0.0178 & -0.01505 & -0.01366 & 0.007241 & 0.001153 \\ 0.458 & -0.8703 & 0.3628 & 0.3261 & -0.01786 & 0.1113 \end{bmatrix}$$

$$D_6 = \begin{bmatrix} 0.0001732 & 8.94x10^{-5} \\ 8.722x10^{-7} & -3.544x10^{-8} \\ 0.0002244 & -0.2967 \end{bmatrix}$$

O novo sistema é totalmente observável e controlável.

A função de transferência de rastreamento de tensão para um sistema de seis estados é mostrada na equação 4.4.

$$\frac{Vst}{Vcp} \sim \frac{1780s^3 + 1{,}8 \,x105\, s^2 + 4{,}61\, x105\, s + 4{,}3\, _{x105}}{s^6 + 154.2s^5 + 7554s^4 + 1.23x10\, s^3 + 5.87x10\, s^2 + 1.032x10^6\, s + 6.037x10^5}$$

$$(4.4)$$

Os seus respectivos diagramas de Bode são apresentados na Figura 4.4.

$$\frac{Wcp}{Vcp} = \frac{20s^4 + 1339s^3 + 5552s^2 + 7785s + 3663}{s^5 + 93.43s^4 + 1875s^3 + 9384s^2 + 1.61x10^4 s + 9931}$$

$$(4.5)$$

A função de transferência do caudal de ar do compressor versus a tensão do compressor para os modelos controláveis e observáveis de seis estados, respetivamente, é a seguinte

A Figura 4.5 mostra o diagrama de Bode da função de transferência especificada:

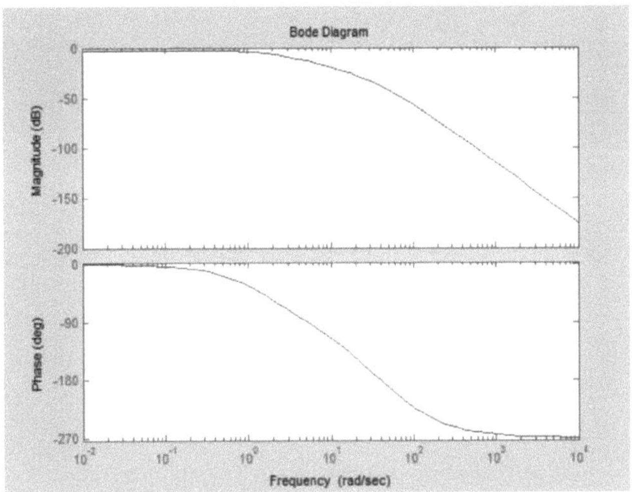

Fig. 4.4 Diagrama de Bode para 6 variáveis em função de Vst.

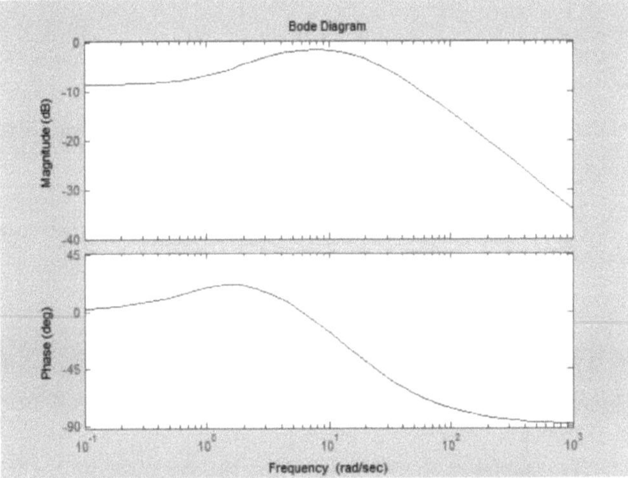

Fig. 4.5 Diagrama de Bode para 6 variáveis em função de Wcp.

Para o sistema controlável e observável de seis estados, o diagrama de Bode da função de transferência dada na equação 4.6, que se refere à razão de oxigénio, é apresentado na Figura 4.6.

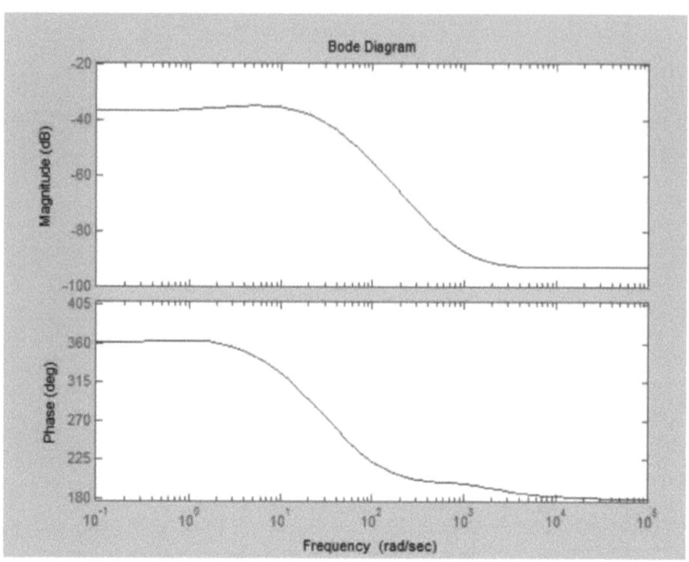

Fig. 4.6 Gráfico de Bode para 6 variáveis em função de AO2

Equação 4.6, resultados :

1.3.   Comparação de modelos para a célula de combustível PEM.

Os diagramas de Bode serão comparados para analisar o comportamento dos dois modelos, reduzido e completo, tanto a baixas como a altas frequências, para ver se podemos trabalhar com a função de transferência de seis níveis para as variáveis descritas.

Para efetuar a análise entre as funções de transferência 4.1 e 4.4 com referência à variável Vst, a Figura 4.7 mostra uma comparação entre os dois diagramas de Bode.

A representação comparativa dos diagramas de Bode para as funções de transferência da variável Wcp é apresentada na Figura 4.8.

$$\frac{\lambda O_2}{Vcp} = \frac{-2.1x10^{-5} s^6 + 0.0087s^5 + 20.3s^4 + 772.9s^3 + 3710s^2 + 6077s + 3276}{s^6 + 115.4s^5 + 4213s^4 + 5.7x10^4 s^3 + 2.64x10^5 s^2 + 4.11x10^5 s + 2.39x10^5}$$

(4.6)

Finalmente, a Figura 4.9 mostra o gráfico de comparação da variável do rácio de oxigénio para as funções de transferência de 6 e 8 estados, respetivamente.

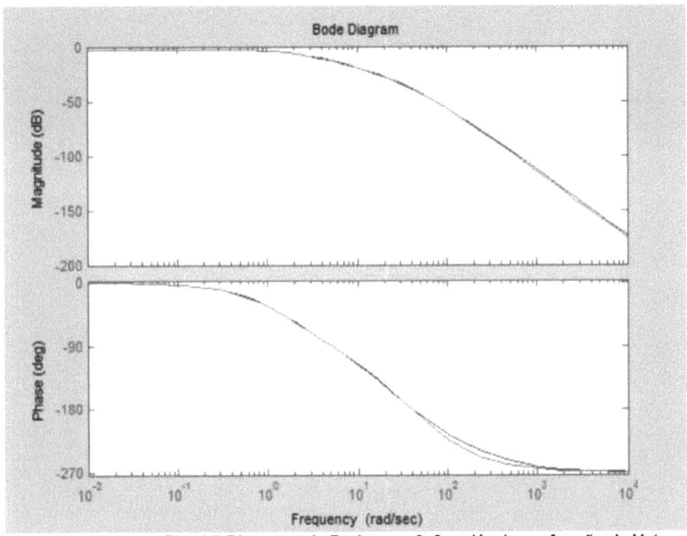

Fig. 4.7 Diagrama de Bode para 8, 6 variáveis em função de Vst.

Como analisámos, os gráficos de Bode são semelhantes, o que nos permite trabalhar com um espaço de estados reduzido de seis variáveis.

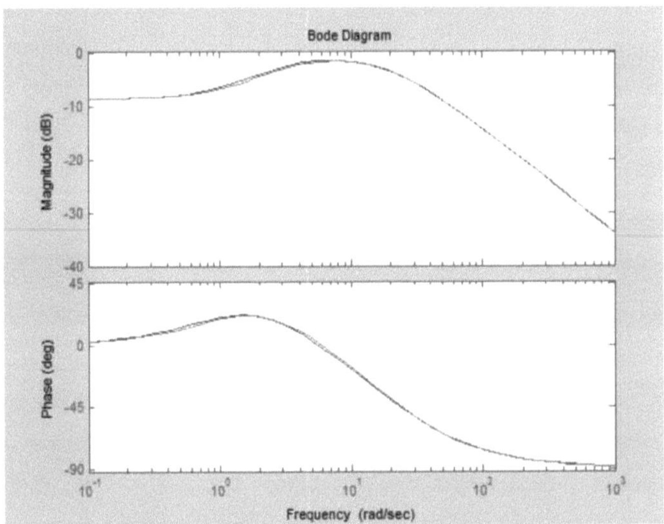

Fig. 4.8 Diagrama de Bode para 8 e 6 variáveis em função de Wcp.

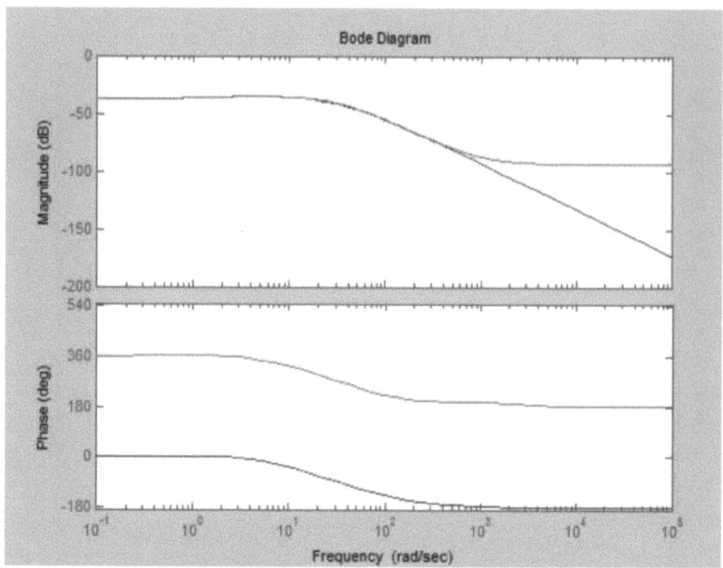

Fig. 4.9 Gráfico de Bode para 8 e 6 variáveis em função de AO2

Tanto para a variável caudal de ar do compressor como para a razão de oxigénio, os diagramas de Bode são idênticos a baixas frequências, sendo semelhantes a altas frequências no primeiro caso e um pouco diferentes no segundo, mas como a pilha de combustível funciona a baixas frequências, podemos utilizar o modelo reduzido de seis estados como modelo para efetuar a regularização. Na Figura 4.9, a fase é idêntica, uma vez que 0 e 360 são o mesmo ponto.

2. Estratégias de controlo a utilizar

2.1. Controlo ótimo

A conceção de sistemas óptimos baseia-se na ideia de que os parâmetros do sistema são o resultado da minimização de uma determinada função de custo, pelo que os resultados da simulação devem seguir uma determinada entrada. No caso deste trabalho, será uma entrada nula, ou seja, encontrar a sequência de controlo u_k que levará o sistema do estado inicial $x_i = x(0)$ ao estado final $x_N = x_f$, minimizando a função quadrática. Esta secção apresenta então uma outra abordagem para a construção da lei de controlo, baseada na procura de uma lei de controlo que minimize a soma do esforço de controlo e dos desvios do sinal de saída em relação ao seu valor de referência. Dado o sistema $x = Ax + Bu$, pode demonstrar-se que, se $L(x,u)$ *for* uma função quadrática ou hermética, o índice de desempenho :

$$J = \int_0^\infty L(x,u)dt \ , \tag{4.7}$$

Pode gerar leis de controlo do tipo $u(t)=-Kx(t)$.

2.1.1. otimização dos parâmetros

Se estivermos perante um sistema homogéneo da forma $x = Ax$, em que a matriz de estado A contém parâmetros que devem ser ajustados para minimizar um determinado índice, que neste caso é :

$$J = \int_0^\infty x^T Q x dt \tag{4.8}$$

Se Q é uma matriz hermética definida positiva, então, no caso em que $x^T Qx = -d(xTPx)/dt$, sendo a matriz P uma matriz hermética definida positiva, temos

$$x^T Qx = -x^T(A^T P + PA)^T x \tag{4.9}$$

Se a matriz A for estável, deve existir, para uma dada matriz Q definida positivamente, uma matriz P definida positivamente que satisfaça a condição ATP+PA = -Q. O índice de desempenho pode *então ser* expresso como :

$$J = \int_0^\infty x^T Q x dt = -x^T P x \Big|_0^\infty = -x(\infty)Px(\infty) + x(0)Px(0) \tag{4.10}$$

Para conceber o controlador, é necessário escolher uma matriz Q definida positiva e hermética, calcular os valores de P em função dos parâmetros ajustáveis, inserir os resultados na expressão do índice e minimizá-la para obter os valores óptimos dos parâmetros para esse índice.

2.1.2 Controlo ótimo quadrático LQR

Para o sistema $x = Ax+Bu$, em que, como já analisámos, a lei de controlo é $u(t)=-Kx(t)$, *o problema de otimização quadrática LQR consiste em* obter os valores da sequência de controlo que minimizam o seguinte índice de custo:

$$J = \int_0^\infty (x^T Qx + u^T Ru)\, dt \tag{4.11}$$

Q e R *são* matrizes herméticas definidas positivamente, que ponderam o peso relativo do estado e do sinal de controlo na função objetivo. Se introduzirmos a lei de controlo no índice de desempenho, obtemos o seguinte:

$$J = \int_0^{} x^T (Q + K^T R K) x \, dt \qquad \text{(4.12)}$$

No caso de se provar que $x^T (Q + K^T RK)^T x = -d(x^T Px)/dt$, podemos obter $^T P + P(A-BK) = -(Q + K^T RK)$ aplicando a derivada correspondente *(A-BK)*. Outra solução pode ser encontrada pelo método de Leapunov, se *A-BK for* estável, podemos encontrar uma matriz *P* definida positiva que satisfaça a equação dada. Em seguida, o peso relativo das matrizes determina a relação entre a velocidade de reação e o esforço de controlo. A introdução da matriz K pode ser ilustrada na Figura 4.10.

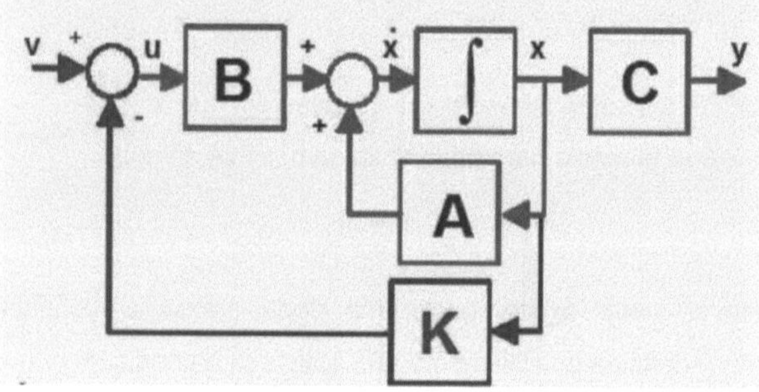

Figura 4.10. Introdução da matriz de feedback k

2.1.1.1. Horizonte acabado

Para o caso do controlador discreto LQR que utilizaremos neste livro, o problema de controlo, conhecendo o estado inicial x_0 , consiste em encontrar as entradas u_K *para k=1...,N de tal forma que a função de custo seja mínima, ou seja, permaneça a mesma:*

$$J_N = 0.5 x_N^T P x_N + 0.5 \sum_{k=0}^{N-1} \left[x_k^T Q x_k + u_k^T R u_k \right] \qquad \text{(4.13)}$$

Onde *Q é uma* matriz hermética definida positiva ou semidefinida positiva (ou matriz real simétrica) de ordem [nxn]; *R* é uma matriz hermética real simétrica definida positiva de ordem [rxr] e P é uma matriz hermética definida positiva ou semidefinida positiva de ordem [nxn]. O primeiro termo da equação penaliza o erro de atingir o estado final desejado, enquanto as matrizes Q, R e P podem penalizar os estados do sistema, como consideramos apropriado para o caso particular da célula de combustível, o fluxo de ar no compressor. De seguida, o método de

Lagrange, a fim de integrar as restrições do problema, a função de custo

$$J_N = 0.5 x_N^T P x_N + 0.5 \sum_{k=0}^{N-1} \left[x_k^T Q x_k + u_k^T R u_k + \lambda_{k+1}^T (-x_{k+1} + A x_k + B u_k) \right] \qquad (4.14)$$

A são os multiplicadores de Lagrange que introduzimos na equação. Precisamos então de derivar esta função de custo como uma função das variáveis,

e igual a zero.

Para J_N, EM função de Ak, temos :

$$\frac{dJ_N}{d\lambda_k} = u_k^T R + \lambda_{k+1}^T B = 0 \qquad (4.15)$$

Para J_N , obtemos como função de Ak-1 :

$$\frac{dJ_N}{d\lambda_{k-1}} = -x_{k+1} + A x_k + B u_k = 0 \qquad (4.16)$$

Para J_N, em função de xk :

$$\frac{dJ_N}{dx_k} = x_k^T Q_k + \lambda_{k+1}^T A - \lambda_k^T = 0 \qquad (4.17)$$

Finalmente, para J_N em função de xN :

$$\frac{dJ_N}{dx_N} = P x_N - \lambda_N = 0 \qquad (4.18)$$

Podemos então representar o problema num sistema de equações de diferenças com duas condições de fronteira, de modo a que o sistema resultante seja :

$$\begin{bmatrix} x_{k+1} \\ \lambda_{k+1} \end{bmatrix} = \begin{bmatrix} A + BR^{-1}B^T A^{-T} Q & -BR^{-1}B^T A^{-T} \\ -A^{-T} Q & A^{-T} \end{bmatrix} \begin{bmatrix} x_k \\ \lambda_k \end{bmatrix} \qquad (4.19)$$

Para isso, precisamos de conhecer o estado inicial e fazer considerações sobre AN = PXN e Ak = PkXk.

A entrada óptima para o sistema é definida pela equação 4.20 :

$$Ru_k = -B^T Pk{+}iXk{+}i$$
$$Ru_k = -B \, P^T_{k+i} \, (AX_k + Bu) +_k$$
$$(R + B^T Pk{+}iB)uk = B^T Pk{+}iAXk$$
$$uk = - Sk{+}iB \, Pk{+}iAXk \, .$$

$$Para$$
$$S_k = R + B\,P\,B^T_{\ k} \tag{4.20}$$

Uma vez definido o sistema, efectuamos a substituição da seguinte forma, o que conduz à equação 4.21 como equação final:

Poderemos calcular os valores da matriz P, a partir de zero, até chegarmos a k. Como podemos ver, a matriz de realimentação de estados K é a que define a dinâmica do novo sistema, pelo que o seu valor será o de :

$$_{kk} = (R + B^T\,Pk{+}1B)\ B^{-1\,T}\,Pk{+}1A \tag{4.23}$$

Para um preço ótimo de :
$$k = (R{+}B^T\,PB)\ B^{-1\,T}\,PA$$

O novo termo em P deve satisfazer a equação algébrica de Riccati, definida do seguinte modo

$$P_k x_k = A^T P_{k+1} x_{k+1} + Q x_k$$
$$P_k x_k = A^T P_{k+1}(A x_k + B u_k) + Q x_k$$
$$\left[P_k - A^T(P_{k+1} + P_{k+1}BS_{k+1}^{-1}B^T P_{k+1})A - Q\right]x_k \equiv 0$$
$$\forall k, \forall xk \neq 0 \tag{4.21}$$

Desde que não seja zero, obtém-se a equação diferencial de Riccati, representada na equação 4.22.

$$Pk = A^T \,_{(Pk+1+Pk+1BSk\ +^{-1}}\,1B^T\,_{Pk+1})A + Q \tag{4.22}$$

A equação é então resolvida com o método de varrimento utilizando as condições de fronteira, sendo o estado final :

$$JI = P_x = P_{\,x}$$
$$N = {}_{\cdot N} = {}_{N\,\cdot N}$$
$$J_{N^{min}} = 0{,}5 x_o^T\,P x_0 \tag{4.24}$$

1.1.1.1. Horizonte infinito

No caso de sistemas discretos, o horizonte infinito é determinado assumindo que Pk atinge um estado estacionário, deixando a função de feedback de estado definida pela equação 4.25.

$$Uk = {-}K^* xk \tag{4.25}$$

A matriz K é definida por

$$\overline{P} = A^T \left[\overline{P} + \overline{P}B(R + B^T \overline{P}B)^{-1} B^T \overline{P} \right] A + Q \qquad (4.27)$$

$$J_N^{\min} = 0.5 x_o^T \overline{P} x_0 \qquad (4.28)$$

de :

1.2. Controlo preditivo

O controlo preditivo baseia-se na resolução eficaz e eficiente de problemas de controlo e automação em processos industriais e não industriais caracterizados por um comportamento dinâmico complicado, multivariável e/ou instável.

O controlo preditivo utiliza o modelo matemático do processo, pelo que é necessário ser capaz de prever o comportamento futuro do sistema para saber qual o sinal de controlo a aplicar para efetuar o controlo real.

No caso da célula de combustível PEM, analisaremos posteriormente o modelo a utilizar e, por conseguinte, descreveremos os tipos de controlo MBPC e MPC, ou seja, Controlo Preditivo Baseado no Modelo e Controlo Preditivo do Modelo, respetivamente.

O princípio básico do controlo preditivo baseia-se no cálculo dos sinais de controlo a enviar ao sistema num tempo de amostragem t, com base nas entradas e saídas anteriores do sistema num intervalo de previsão ou horizonte N, de modo que pode ser representado graficamente como na Figura 4.11. Os sinais de controlo podem ser enviados num tempo de amostragem t ou num tempo de previsão N.

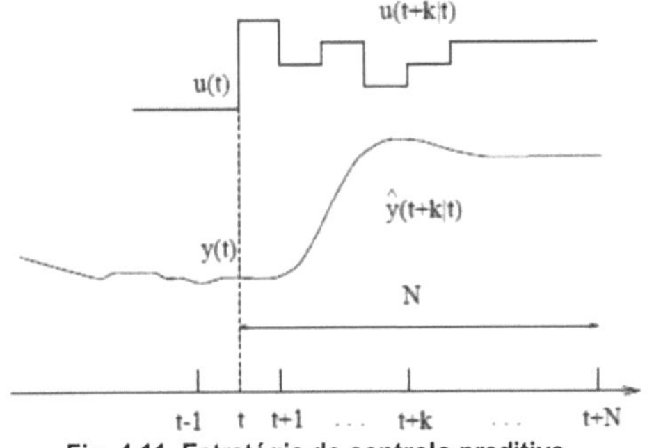

Fig. 4.11. Estratégia de controlo preditivo.

Onde

I- *u(t + k* I1*)*, representam as entradas no tempo t às quais é adicionado o tempo futuro k dentro do intervalo de previsão N.

I- Y y(*t + k 11*), representam as despesas no momento t mais as despesas futuras ao longo do horizonte de previsão N.

Esta estratégia é também conhecida como controlo de horizonte móvel, porque os sinais de ação são aplicados desta forma, ou seja, se o sinal futuro a aplicar no tempo t for conhecido, os outros são rejeitados e recalculados iterativamente durante o período de amostragem. O controlo preditivo baseado em modelos pode ser definido como uma estratégia de controlo baseada na utilização de um modelo matemático interno do processo a controlar, utilizado para prever a evolução das variáveis a controlar ao longo de um determinado horizonte de previsão, de modo a que as futuras variáveis de regulação possam ser calculadas de forma a que, dentro desse horizonte, as variáveis reguladas convirjam para os respectivos valores de referência. O MPC é um dos controladores óptimos, ou seja, aqueles cujas acções reagem à otimização de um critério. O critério ou função de custo a otimizar está relacionado com o comportamento futuro do sistema, que é previsto através de um modelo dinâmico do sistema, designado por modelo de previsão. Em alguns casos, a função de custo a utilizar é uma função quadrática e, se o modelo for linear e não existirem restrições, podemos falar de controlo explícito. A estrutura básica de um controlador MPC preditivo é apresentada na Figura 4.12, onde o optimizador prescreve as acções de controlo e, por conseguinte, constitui a base da estrutura apresentada.

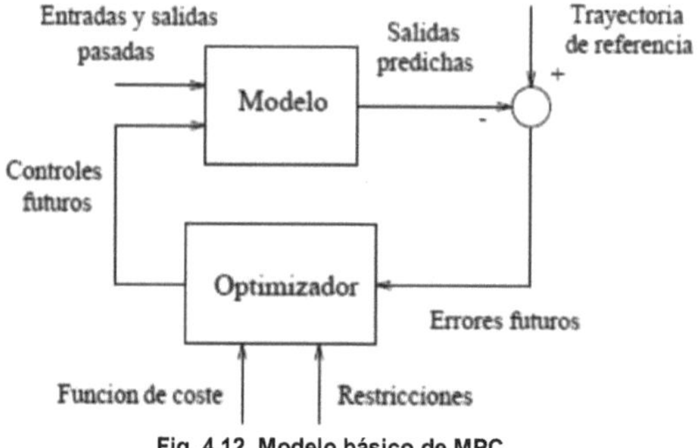

Fig. 4.12. Modelo básico de MPC

No controlo das células de combustível PEM, há uma série de restrições, como o controlo do teor de oxigénio no processo, para que o optimizador tenha um maior esforço computacional; estas restrições são analisadas em pormenor aquando da modelação do sistema, salientando-se posteriormente o cuidado que se deve ter com elas. Dentro da estrutura apresentada na figura 4.13, existem geralmente os seguintes elementos importantes:

2.2.1. **O horizonte de previsão.**

O mesmo se aplica a um intervalo de tempo ou etapas que são tidos em conta no desenvolvimento do optimizador ilustrado na Figura 4.9. Se apenas o horizonte de previsão for considerado como tal para exercer controlo sobre o mesmo, formamos um sistema de controlo aberto, mas é necessário que o sistema atinja um desempenho superior à robustez, ou seja, é necessário procurar a realimentação para formar uma malha de controlo fechada. A realimentação é obtida utilizando a técnica do horizonte móvel, que consiste em aplicar o controlo durante um determinado período, após o qual o estado do sistema é amostrado e é resolvido um novo problema de otimização. Desta forma, o horizonte de previsão desliza no tempo. Os modelos de previsão que podem ser incluídos podem ser de diferentes tipos, por exemplo, lineares, não lineares, univariados ou multivariados, e podem ser adicionadas condições secundárias aos sinais do sistema.

Dentro do modelo de previsão, como ilustrado na Figura 4.13, podemos classificar claramente dois elementos que são

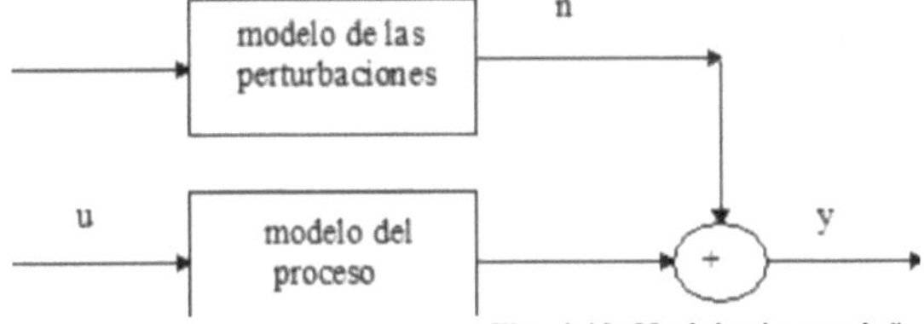

Fig. 4.13. Modelo de previsão

Em primeiro lugar, *o **modelo matemático do processo que*** será responsável pela previsão da evolução das variáveis ao longo do horizonte de previsão acima descrito. Em segundo lugar, o modelo de previsão deve representar o comportamento dinâmico do sistema a ser analisado, incluindo as equações Hsic, as incertezas e outros elementos a serem incluídos no modelo. Como já foi mencionado, o modelo pode ser linear ou não linear, em tempo contínuo ou discreto, e pode ser expresso como uma função de transferência ou equações de estado, conforme necessário. O modelo matemático do processo pode então ser representado pela resposta ao impulso, um degrau, uma função de transferência e um espaço de estados. Para a análise das células de combustível PEM, estudaremos especificamente os dois últimos. O modelo que formula uma PEM sob a função de transferência é determinado pela seguinte equação

$$A(z^{-1})y(t) = B(z^{-1})u(t)$$
$$Para:$$
$$A(z^{-1}) = 1 + a_1 z^{-1} + \ldots\ldots\ldots a_{na} z^{na}$$
$$B(z^{-1}) = b_1 z^{-1} + \ldots\ldots\ldots b_{nb} z^{nb}$$

$$\text{(4.29)}$$

As previsões são as seguintes:

$$\hat{y}(t + k \mid t) = \frac{B(z^{-1})}{A(z^{-1})} u(t + k \mid k)$$

$$\text{(4.30)}$$

Para utilizar este modelo, como mostram as equações, é necessário conhecer os polinómios característicos que descrevem a função de transferência como tal.

No caso da representação do espaço de estados, aplicam-se as seguintes equações:

Isto tem a vantagem de permitir a análise de sistemas multivariáveis, como a célula de combustível PEM. Além disso, utilizaremos um modelo expresso em tempo discreto, uma vez que o controlador é implementado num computador utilizando a ferramenta Matlab. O modelo em tempo discreto tem geralmente a seguinte estrutura:

$$x_k + i = f\left(x_k, \; u_k\right) \qquad \text{(4.34)}$$

Onde

    I- x_{k+1} , são os seguintes estados temporais

    i- x_k, os estados actuais y

    4- u_k é o sinal de controlo a aplicar

O modelo de perturbação é importante porque, como veremos mais adiante, no caso da célula de combustível, temos de assumir que a qualidade do material é constante e que a temperatura é a mesma em todos os pontos da estrutura, e também vamos considerar a corrente de entrada como uma perturbação do modelo. No contexto do controlo preditivo, a perturbação do modelo pode ser definida da seguinte forma:

$$\hat{y}(t+k\,|\,t) = C\hat{x}(t+k\,|\,t) = C\left[A^k x(t) + \sum_{1}^{k} A^{i-1}Bu(t+k-i\,|\,t)\right] \qquad \textbf{(4.33)}$$

A previsão para este sistema será

X(t) = A x(t-1) + B u(t-1) $\qquad\qquad$ **(4.31)**

Y(t) = C x(t) $\qquad\qquad$ **(4.32)**

Se o polinómio D representar a utilização de um integrador, o erro é zero e podemos considerar o polinómio C como um caso especial.

Esta função de custo expressa, ao longo do horizonte de previsão escolhido, o custo do comportamento requerido ou desejado do sistema ao longo desse horizonte. Dentro da estrutura, temos a seguinte representação:

A- Os parâmetros N1 e N2 representam os limites máximo e mínimo do horizonte de previsão, ou seja, com o primeiro destes valores é possível manipular ou relacionar o momento em que o sistema vai reagir e o momento em que o controlador deve atuar, tendo em conta que o parâmetro Nu é o horizonte de controlo.

i- Os coeficientes dentro do somatório quadrático podem penalizar o processo de controlo, uma vez que o seu valor determina se o controlo é suave ou agressivo, estando os seus valores dentro dos limites estabelecidos para a aplicação.

$$n(t) = \frac{C(z^{-1})e(t)}{D(z^{-1})} \qquad\qquad \textbf{(4.35)}$$

ii-

iii- 2.2.3 **A função de custo**

iv- É a que manifesta o critério a otimizar, porque é definida positivamente.

A função de Classificação tem a seguinte estrutura:

2.2.3.1. minimização da função de custo

Para minimizar a função de custo, é aconselhável ter a referência para melhorar o

desempenho, como os tempos de reação e os atrasos do sistema. O sinal de controlo
a aplicar durante o horizonte de previsão N é dado por :

$$J(N_1,N_2,N_u) = \sum_{j=n_2}^{N_2} \partial(j)[\hat{y}(t+j\mid t) - w(t+j)]^2 + \sum_{j=1}^{N_u} \lambda(j)[\Delta u(t+j-1)]^2 \qquad \text{(4.36)}$$

$$w(t+k) = \alpha w(t+k-1) + (1-\alpha)r(t+k)$$, para k= 1....N. $\qquad$ (4.37)

Alfa é um
valor que geralmente se situa entre 0 e 1. Como não temos uma referência real,
podemos usar uma aproximação que pode ser suave e rápida, dependendo do valor
que damos à constante já mencionada.

A Figura 4.14 mostra a aproximação ao ponto de ajuste para três valores diferentes
da constante. Note-se que quanto maior for a constante, mais lenta é a aproximação
ao ponto de regulação y(t).

Fig. 4.14. Alinhamento de referência

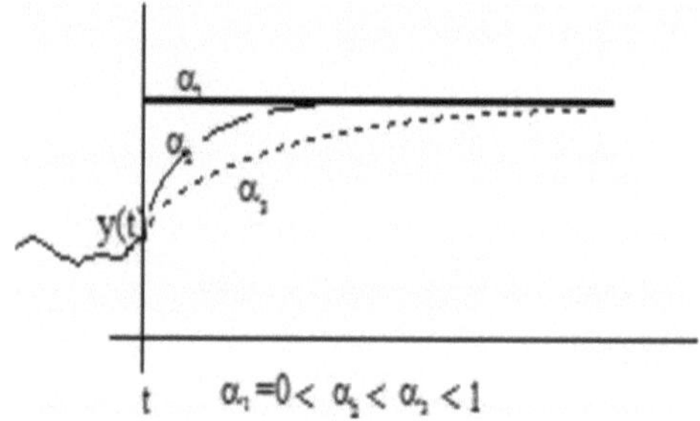

O horizonte de custos pode ser representado graficamente da seguinte forma
é apresentado na Figura 4.155.

Fig. 4.15. Janela de custos.

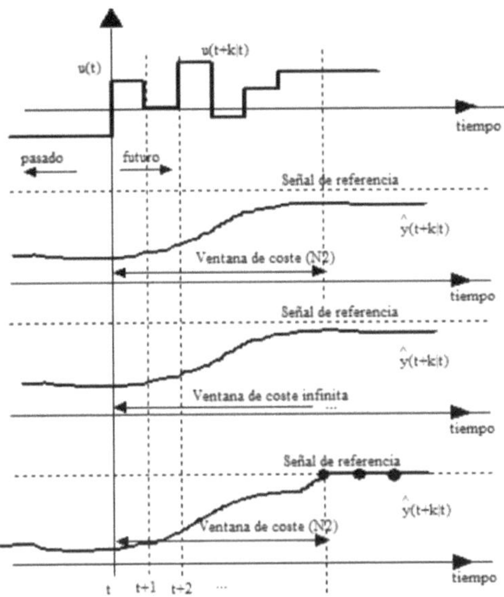

No gráfico, vemos que a janela pode ter um horizonte infinito em que não é forçada a atingir o referencial, para o caso indicado, mas também que a janela pode ser finita, para a qual podemos forçá-la a atingir o referencial, ou não forçá-la, como vemos os casos diferenciados na figura 4.15.

2.2.4. Restrições.

As condições de fronteira indicam os limites dentro dos quais devem evoluir os sinais que controlam o comportamento do sistema. Estes limites são determinados pelos valores limite Hsic, por razões de segurança, de utilidade económica, etc. No caso da estaca, existem condicionantes para um funcionamento eficiente e maior longevidade do sistema, pelo que os valores de corrente, caudais, etc. devem ser limitados pelos respectivos limites descritos no modelo.

Por exemplo, na Figura 4.16, é colocada uma restrição num dos eixos, que corresponderá mais tarde às restrições relativas ao teor de oxigénio da pilha.

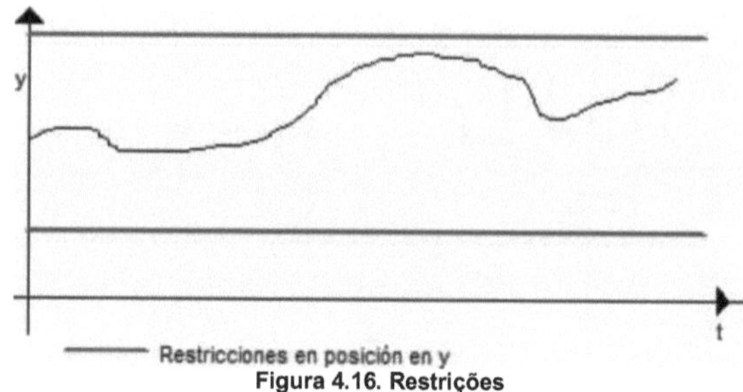

Figura 4.16. Restrições

Dentro das restrições, podemos encontrar restrições rígidas que não podem ser violadas, como no caso da quantidade de oxigénio na pilha, ou podemos encontrar restrições suaves que podem ser violadas em determinados momentos, dependendo da operação.

2.2.5. Direito de controlo.

Para a lei de controlo, é necessário ter em conta as entradas e saídas anteriores, bem como as leis de controlo futuras, a fim de minimizar a função de custo cujo resultado será a saída ou a lei de controlo a aplicar no momento t, que será tida em conta como parte da lei de controlo. É então necessário definir um horizonte de controlo Un que deve ou pode ser inferior ao horizonte de previsão máximo $N2$, de modo a que :

Para cada tempo k superior ao horizonte de controlo. Desta forma, os valores pequenos dão origem a grandes acções de controlo e os valores grandes a sinais de controlo suaves. Podem ser utilizadas funções básicas como as seguintes Quando uma seleção específica do termo B(t) pode ser expressa por funções polinómios.

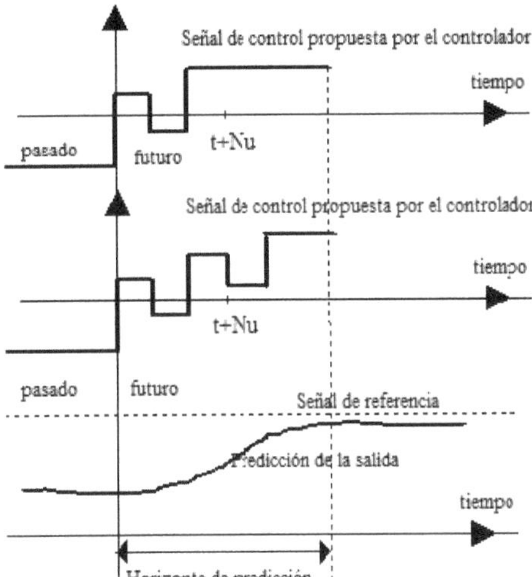

Fig. 4.17. Estrutura do direito fiscal

No âmbito do controlo preditivo, certos algoritmos têm um interesse particular. Assim, vamos analisar de forma específica e concreta aqueles que nos podem ajudar a atingir os objectivos propostos neste livro.

$$\Delta u(t + k \mid t) = 0 \qquad (4.38)$$

$$u(t + k \mid t) = \sum_{1}^{n} u_i(t) B_i(t) \qquad (4.39)$$

2.2.6. Algoritmos de controlo preditivo.

2.2.6.1. Controlo de matriz dinâmica.

Com este tipo de algoritmo de controlo preditivo, podemos assumir que o processo é estável e que as perturbações se mantêm constantes ao longo do horizonte de previsão, ou seja, durante o horizonte de previsão correspondem às saídas medidas do sistema menos as saídas estimadas com o modelo introduzido pelo sistema.

O valor da produção a prever é então uma variante da equação geral da função de custo apresentada acima e é descrita por :

$$\hat{y}(t + k \mid t) = \sum_{i=1}^{k} g_i \Delta u(t + k - i) + \sum_{i=k+1}^{N} g_i \Delta u(t + k - i) + \hat{n}(t + k \mid t) \qquad (4.40)$$

Os termos indicam as operações de controlo conhecidas e as que devem ser calculadas, bem como as perturbações estimadas do sistema, pela ordem indicada na equação.

2.2.6.2.   Controlo funcional preditivo

Baseia-se na representação do modelo de estado e tem duas características principais, cujo termo é descrito na função de custo:

As restantes funções polinomiais podem ser uma combinação linear de funções básicas para parametrizar o sinal de controlo.

A segunda caraterística é a utilização de pontos de coincidência, ou seja, apenas um subconjunto de pontos entre a saída medida e a saída do modelo de referência precisa de coincidir dentro do horizonte de previsão, como ilustrado na Figura 4.18.

Fig. 4.18. Pontos de coincidência

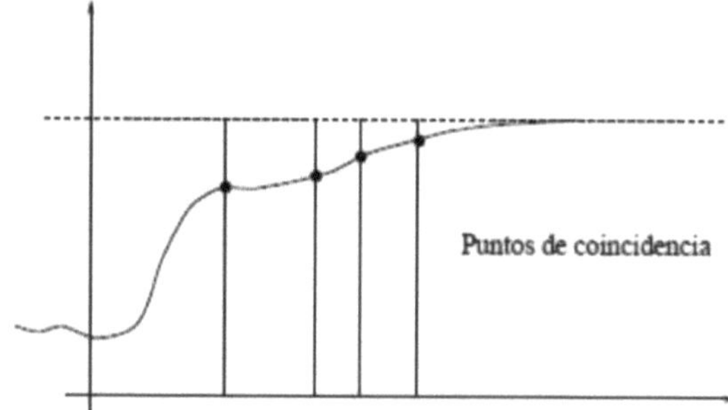

A função de custo a ser minimizada é então :

$$J = \sum_{1}^{n} \left[\hat{y}(t + h_j) - w(t + h_j) \right]^2 \qquad \text{(4.41)}$$

Esta representação é utilizada para modelos de reação rápida e estende-se à utilização de
modelos não lineares.

2.2.5.1.   Controlo preditivo generalizado

Na sua representação, este modelo utiliza a forma da função de transferência e o modelo de perturbação ARIMA que estudámos anteriormente. O modelo é então definido por

$$A(q^{-1})y(t) = B(q^{-1})u(t) + D(q^{-1})v(t) + \frac{T(q^{-1})}{(1 - q^{-1})} \xi(t) \qquad \text{(4.42)}$$

assume a forma de um filtro de primeira ordem, definido por

Isto pode ser visto na Figura 4.19, onde a trajetória de referência

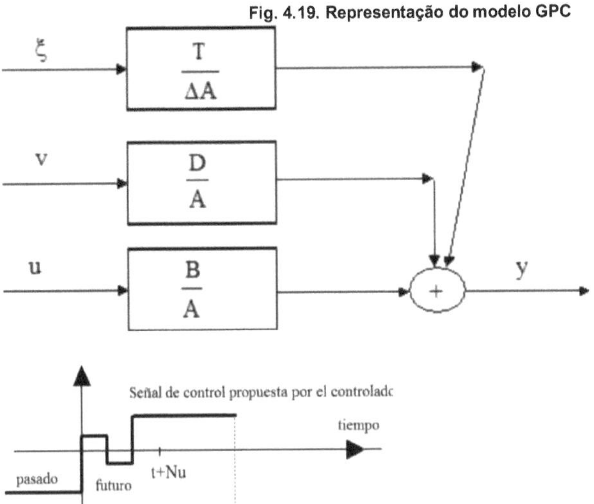

Fig. 4.19. Representação do modelo GPC

Fig. 4.20. Sinal de controlo

Em seguida, o horizonte do sinal de controlo é definido pela Figura 4.20 no intervalo de previsão.

$$J = \sum_{j=N_1}^{N_2} \alpha_j \left[\hat{y}(t+j) - r(t+j) \right]^2 + \sum_{j=0}^{N_u-1} \beta_j \left[\Delta u_1(t+j) \right]^2 \qquad (4.43)$$

O resultado é uma função de custo quadrática do tipo :

O coeficiente alfa, entre 0 e 1, garante um controlo suave e robusto, enquanto um valor superior a 1 significa um controlo mais agressivo com um maior esforço de controlo. O coeficiente beta melhora a robustez e a estabilidade numérica dos cálculos.

Como o termo que introduz a representação do ruído é difícil de calcular, podemos introduzi-lo no projeto com a função :

$$E(t) = \frac{\div [A(q^{-1})y(t) - B(q^{-1})u(t)]}{T(q)} \qquad (4.44)$$

Uma das soluções óptimas resulta da substituição da equação 4.45 :

$$y(t+j) = G_j(q^{-1})\Delta u(t+j) + P, \text{ Con :}$$

Por conseguinte, a lei de controlo depende apenas dos parâmetros do processo e pode ser adaptada através de um identificador de linha.

2.2.7. Vantagens e desvantagens do controlo preditivo :

As vantagens incluem

4- Esta estratégia está generalizada no sector.

5- 2.2.6.4. Controlo preditivo-adaptativo de horizonte alargado.

6- O modelo de função de transferência descrito anteriormente é utilizado e o objetivo é resolver as diferenças entre as saídas calculadas pelo modelo e as saídas medidas, para as quais são encontradas várias soluções, entre as quais o horizonte pode ser definido como a unidade ou tipo de esforço de controlo que pode ser minimizado:

7-

8- É utilizado para desenvolver e conceber controlos para sistemas altamente complexos, tendo em conta os condicionalismos técnicos, operacionais, económicos e outros. Os condicionalismos que estes sistemas implicam.

9- A formulação no domínio do tempo torna esta técnica flexível.

10- Os algoritmos utilizados no controlador podem lidar com sistemas lineares, não lineares, multivariados ou de uma só variável.

11- A lei da direção satisfaz os critérios de otimização.

$$G = \begin{bmatrix} g_{N1} & \cdots & g_1 & 0 & \cdots & & 0 \\ g_{N1+1} & \cdots & g_2 & g_1 & 0 & \cdots & 0 \\ \cdots & \cdots & \cdots & \cdots & \cdots & \cdots & 0 \\ \cdots & \cdots & \cdots & \cdots & \cdots & & \cdots \\ g_{N2} & \cdots & \cdots & \cdots & \cdots & \cdots & g_{N2-Nu+1} \end{bmatrix}$$

$$u(t) = u(t-1) + \frac{\alpha_0(w(t+N) - \hat{y}(t+N \mid t))}{\sum_{k=0}^{N-d} \alpha_i^2} \qquad \text{(4.47)}$$

$$J = \sum_{k=0}^{N-d} u^2(t+k) \qquad \text{(4.46)}$$

Os atrasos podem ser compensados no seu sistema.

Entre as desvantagens

O método utiliza um preditor de N passos e a solução explícita é dada por

1- O conhecimento do modelo do sistema deve ser completo e gerido com precisão para se obter uma previsão satisfatória.

R- Por vezes, o cálculo no optimizador é muito moroso.

Controlo adaptativo.

O controlo adaptativo baseia-se na adaptação dos parâmetros variáveis de um processo, a fim de manter o funcionamento eficiente do sistema. O objetivo é, portanto, medir contínua e automaticamente as características dinâmicas do sistema real e compará-las simultaneamente com as desejadas, de modo a aplicar um sinal de ação baseado na diferença encontrada para variar os parâmetros ajustáveis e, assim, manter um desempenho ótimo. Dentro dos sistemas de controlo adaptativo, podemos ver que estão claramente separados em duas partes, os chamados loops de feedback primário e secundário, uma vez que se relacionam com duas escalas de tempo, pois existe uma diferença de velocidade entre os dois. O primeiro laço, ou laço primário, mostrado na Figura 13, refere-se ao sistema de feedback com o laço inicial que tem em conta o processo ou instalação cuja saída está a ser medida.

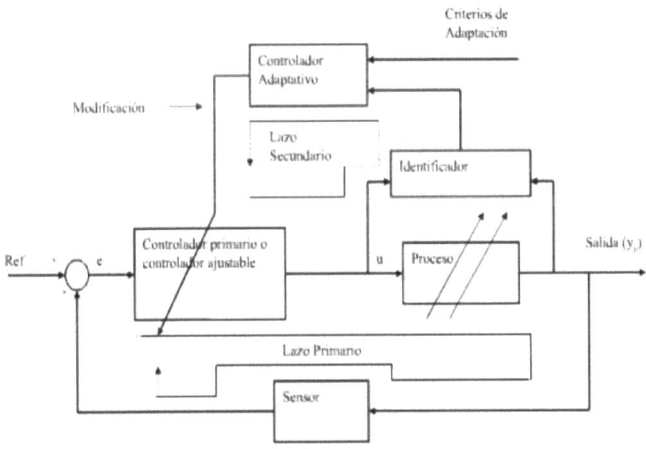

Fig. 4.21. Diagrama básico do controlo adaptativo

A malha de controlo secundária, também apresentada na Figura 4.21, deve ser mais lenta do que a malha de controlo primária, caso contrário o sistema pode ficar saturado. Esta segunda malha é o controlo adaptativo em sf, porque pegamos na saída do controlador primário, nas saídas medidas e, com base no modelo, tomamos uma ação de controlo para o controlador que controla o sistema ou a instalação.

Em seguida, o controlo adaptativo, tem alguns dos regulamentos mais importantes e amplamente utilizados, entre eles o controlador autotuned, o controlo com o modelo de referência MRAC, e o controlo por amplificação tabular, dos quais o primeiro método é indireto, e o segundo método exerce um controlo direto.

2.3.1. Controlo adaptativo com regulação automática

O esquema inicial baseia-se num método indireto, ou seja, os parâmetros de controlo são obtidos indiretamente através de uma aproximação ou de um modelo de referência da instalação. Existem variantes do RST direto, em que o modelo permanece indefinido.

O controlador auto-optimizante adaptativo recebe continuamente os valores das variáveis de entrada e de saída, efectuando assim uma estimativa recursiva em linha dos valores dos parâmetros de um modelo de aproximação. O primeiro circuito, o circuito interno, representado na Figura 4.22, é o controlo de realimentação, enquanto o circuito externo, representado na mesma figura, é constituído por elementos como um estimador recursivo e o mecanismo de adaptação.

Se a instalação for modificada, o sistema linearizado é modelizado, com os parâmetros a variar ao longo do tempo, a fim de o adaptar à instalação real. Uma vez que a estimativa do modelo é crucial para a eficiência do controlador, é especialmente importante que estes controladores tenham uma técnica robusta de estimativa de parâmetros que dê bons resultados.

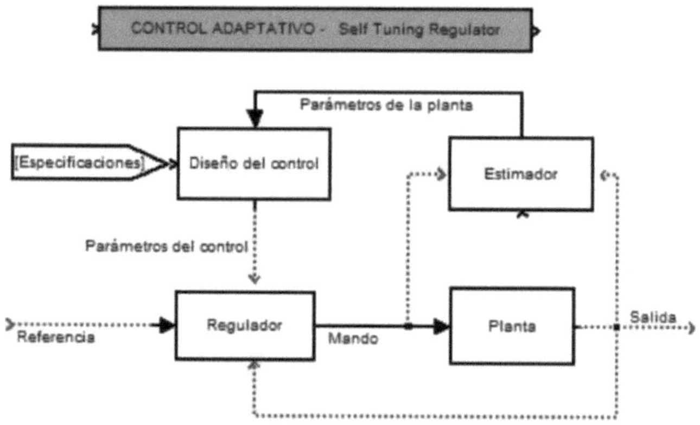

O controlador STR executa então as tarefas de identificação e de controlo separadamente, tomando os parâmetros conhecidos para a medida de controlo e substituindo-os pelos parâmetros estimados, de modo que tem de ser recalculado em cada iteração ou etapa.

Na conceção do sistema de controlo, é necessário ter em conta que os parâmetros introduzidos pela estimação correspondem aos parâmetros reais, daí a necessidade de introduzir perturbações para a fase de identificação. Outro elemento importante no diagrama é o estimador, que é responsável pela transmissão dos parâmetros à planta, que pode aceitá-los como valores exactos ou, ao mesmo tempo, ponderá-los de acordo com a saída do estimador, de modo a exercer um controlo mais suave ou mais agressivo ao modificar os parâmetros. Um sistema linear com um atraso temporal é expresso da seguinte forma:

$$Ay(t) = B\,[U(t) + V(t)] \tag{4.48}$$

O primeiro passo é calcular os coeficientes dos polinómios na equação representada, ou seja, os polinómios A e B do sistema. Para o fazer, podemos utilizar métodos como a atribuição de pólos e a estimativa utilizando um modelo de referência. Neste capítulo, vamos estabelecer brevemente as principais equações que também serão utilizadas mais tarde para conceber o controlador. A forma do controlador será

$$Ru\,(t) = Tr\,(t) - Sy\,(t) \tag{4.50}$$

$$y(t) = \frac{BT}{AR + BS}\,r(t) + \frac{BR}{AR + BS}\,v(t) \tag{4.51}$$

Num circuito fechado, é a mesma coisa:

$$A_c = AR + BS$$

Esta resolução tem em conta a dinâmica da instalação, uma vez que se refere aos seus pólos, mas não tem em conta outras especificações de controlo, como o ganho da instalação. Assim, se quisermos alterar o valor do ganho do polinómio T, temos de tomar um valor que poderia ser para o caso contínuo :

$$T = \cfrac{1}{\lim_{s \to 0} \cfrac{B}{AR + BS}}$$

(4.52)

No entanto, espera-se que o controlo exercido não se refira apenas aos pólos, mas que também tenha em conta outras condições em malha fechada, acrescentando assim um modelo de referência ao sistema que tenha em conta toda a planta e o controlador e que exerça uma ação sobre os pontos zero. De seguida, a equação da função de transferência é determinada por

Perante esta equação, devemos tentar seguir o modelo de referência apresentado:

$$A_m y_m(t) = B_m u_c$$

(4.53)

$$\frac{BT}{AR +} = \frac{BTB_m}{BSA\ Am_c} =- \quad (\qquad 4.54)$$

2.3.2. Controlo adaptativo MRAC.

O controlo adaptativo nesta configuração é ilustrado na Figura 4.23. As suas principais características são a inclusão de um modelo de referência e a expetativa de que o sistema real se comporte como o modelo apresentado, de forma a minimizar o erro entre a potência da instalação efetivamente medida e a potência do modelo de referência.

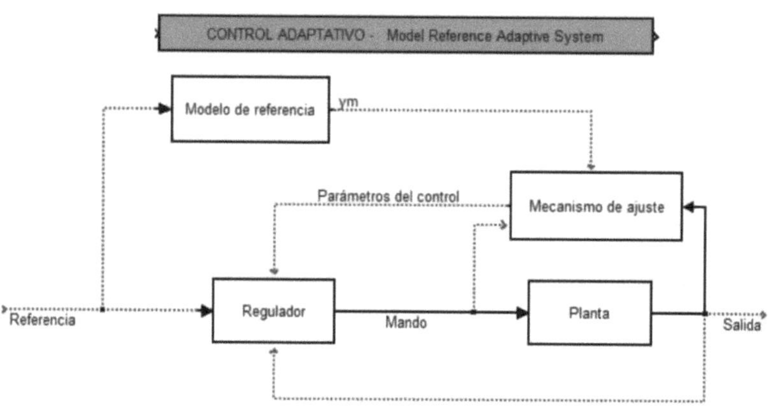

Fig. 4.23. Controlo adaptativo MRAC

Para além da inclusão do modelo, a Figura 4.23 mostra que é incluído um mecanismo de ajuste de parâmetros, que é tipicamente um algoritmo de otimização que visa minimizar uma função objetivo. Para conceber o mecanismo de ajustamento, podemos utilizar duas abordagens, sendo a primeira a regra MIT, cujo critério de minimização é o erro quadrático. O erro é definido por

A função quadrática é a definida na equação 4.56 :

Com a regra de atualização apresentada na equação 4.57 :

$$e = y - y_m \qquad (4.55)$$

$$J(\theta) = \frac{1}{2} e^2 \qquad (4.56)$$

$$\frac{d\theta}{dt} = -\gamma \frac{\partial J}{\partial \theta} = -\gamma\, e\, \frac{\partial e}{\partial \theta} \qquad (4.57)$$

$$J(\theta) = |e| \quad \rightarrow \quad \frac{d\theta}{dt} = -\gamma \frac{\partial J}{\partial \theta} = -\gamma \frac{\partial e}{\partial \theta}\, sign(e) \qquad (4.58)$$

Onde

A- 0 : Controlado por.

A- Y : Velocidade de adaptação

A análise pelo método das regras do MIT pode não garantir a estabilidade do sistema dependendo do ganho de adaptação escolhido, pois este, consoante o seu valor seja alto ou baixo, pode tender a dar-nos uma resposta lenta ou, se aumentar, a desestabilizar o sistema. Existe, no entanto, uma técnica que garante a estabilidade global sem depender do valor do ganho de adaptação, que é o chamado método de Leapunov, que tem a vantagem de não depender do tipo de entrada para garantir os critérios acima referidos. Chamemos à função de Leapunov :

$$V\,(x)$$

Para garantir a estabilidade assintótica, devem ser cumpridas as seguintes condições:

1- $V(x) > 0$, para x diferente de zero, em que positivo é definido como

2- $V(x) < 0$ para x diferente de zero, porque definido negativamente

4- $V(x)\,{}^{\wedge}{<}x{>},\ {}^{\wedge\wedge}r^{\wedge}|X|\ {}^{\wedge}{<}x$

4 Y $V(0) = 0$

O Ato de Adaptação terá a seguinte forma:

$$0 = -\%£^\wedge \qquad (4.59)$$

Como igual referindo-se ao erro, com o termo $£$ e ao mesmo tempo nos seus parâmetros de saída e referências com $£$.

2.3.3. Método de programação de resultados.

Neste tipo de controlo, utiliza-se o controlo em malha aberta, ou seja, não se tem em conta a realimentação do sistema na escolha dos parâmetros, mas sim a construção de uma tabela em torno da variável auxiliar escolhida, que deve ter uma estreita correlação com o ponto de funcionamento e os valores de ajuste para determinadas características do funcionamento da instalação. Como não é necessária realimentação, este é um método mais rápido e direto em termos de tempo de ajuste. No entanto, a variável auxiliar que define a tabela pré-calculada deve ser escolhida com cuidado, pois um erro na mesma provocará o mau funcionamento do sistema. O diagrama deste tipo de controlo é apresentado na Figura 4.24.

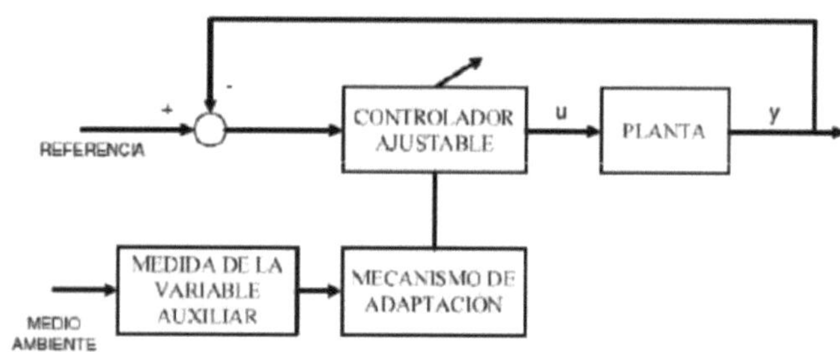

Fig. 4.24. Programação do ganho.

2.3.4. Vantagens do controlo adaptativo

A- Os processos do mundo real são geralmente indefinidos, pelo que a utilização de comandos fixos não é recomendada em alguns casos.

1- Esta é uma técnica útil para parâmetros de processo variáveis.

1- Proporciona um controlo ótimo em todas as fases da operação.

2.3.5. **Desvantagens do controlo adaptativo**

1- Como se trata de uma técnica não linear, o cálculo da estimativa é complicado.

4- Depende de um modelo de referência ou de uma tabela pré-calculada.

CAPÍTULO V

SIMULAÇÕES DE CONTROLO DE CÉLULAS DE COMBUSTÍVEL PEM

1. Controlo de modelos preditivos

1.1. Monitorização do ponto de regulação da tensão para Vst

Assim que a corrente é introduzida como uma perturbação mensurável no sistema e o seu valor varia, as saídas em circuito aberto tornam-se instáveis e, mesmo na presença do regulador estático, a variável de tensão aumenta, tal como descrito no capítulo sobre a pilha de combustível PEM. Sem a presença do regulador, a saída de tensão do sistema cai, como mostra a Figura 5.1.

Como podemos ver, o valor definido na linha verde é de 235 volts, enquanto a curva resultante não tenta seguir a potência porque cai no eixo do tempo à medida que a corrente varia, pelo que não responde à procura do sistema e assume o valor que é registado, quer o valor definido seja inferior ou superior ao valor apresentado.

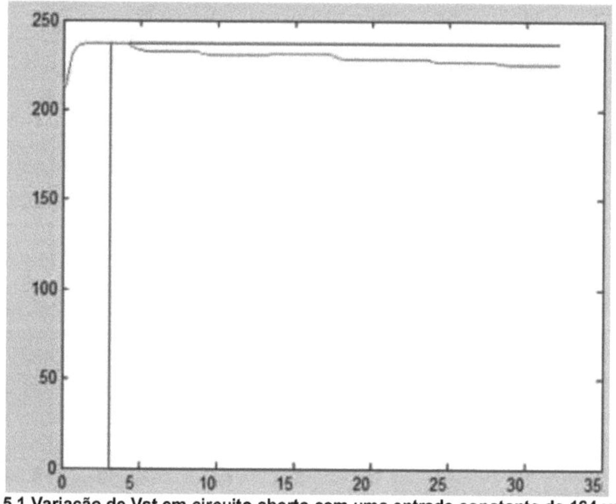

Fig. 5.1 Variação de Vst em circuito aberto com uma entrada constante de 164 volts.

Para evitar este comportamento, que afecta tanto a eficiência do sistema como a dos actuadores. Para evitar este comportamento indesejável, utilizaremos um regulador

MPC entre a saída de tensão do sistema e a entrada Vst.

O controlador MPC é um sistema de simulação de tensão entre a saída de tensão do sistema e a entrada Vst, com a primeira entrada a entrar diretamente no controlador como uma variável de perturbação. O diagrama Simulink utilizado para a simulação é o apresentado na Figura 5.2, em que é utilizado o sistema não linear de células de combustível.

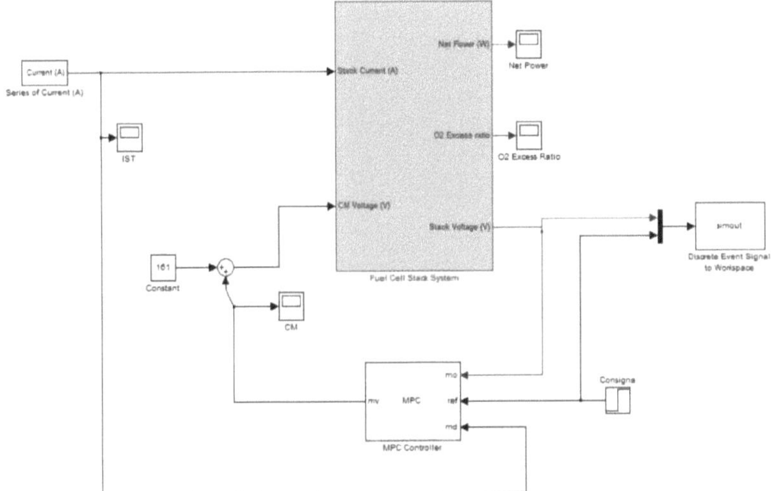

Fig. 5.2. O diagrama Simulink utilizado para a simulação.

O bloco MPC será o controlador cujas entradas dizem respeito à variável a ser manipulada, ao setpoint a ser aplicado e à perturbação, neste caso a corrente. Queremos aumentar o valor de saída para 235 volts e tentar acompanhar a variação do valor real de entrada sem que o valor caia, como mostra a Figura 5.1. Com o diagrama apresentado, os parâmetros que vamos dar ao regulador serão os seguintes, como mostra a figura 5.3.

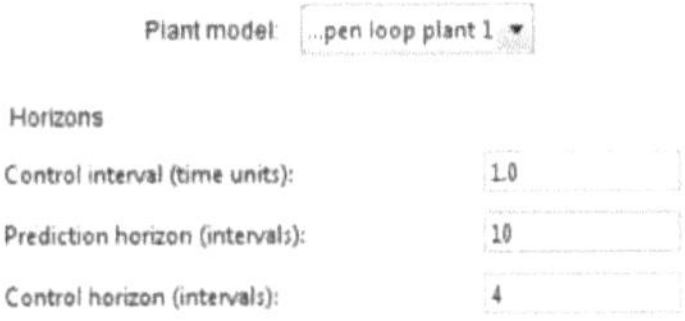

Fig. 5.3 Valores do controlador.

O tempo de amostragem inicial é 1, depois variamos o valor para 0,01 para analisar os resultados, enquanto o horizonte de previsão tem um valor de 10 e o intervalo de controlo é de quatro no horizonte de previsão.

Como restrições, vamos considerar que o controlador, manipulador como saída do sistema, possui uma faixa entre 200 e 280 volts, que foi colocada por motivos de que fora desta faixa a bateria deixa de ter um comportamento ótimo, causando danos aos seus componentes.

A resposta do controlador terá um intervalo entre mais e menos infinito, de modo a que a resposta seja adaptada às necessidades do controlo, pelo que as restrições são definidas na Figura 5.4.

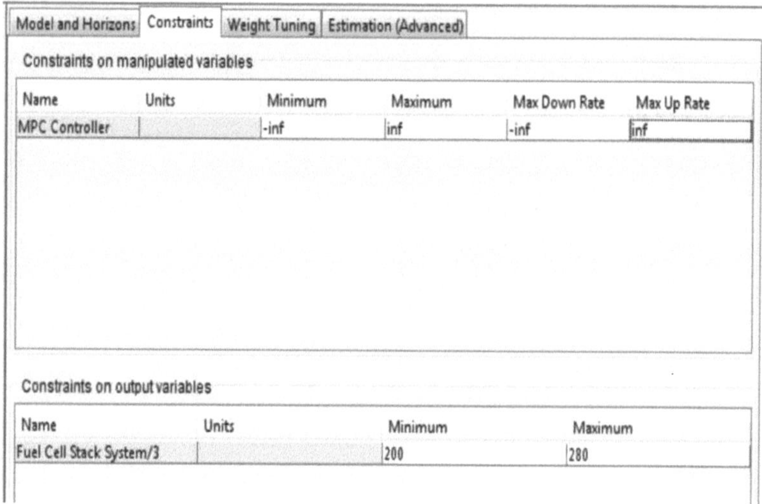

Fig. 5.4 Restrições de ordem.

Os pesos de entrada e saída podem ser calibrados de modo a que o controlador responda mais rapidamente e atinja o ponto de regulação mais rapidamente, ou de modo a que o controlador responda lentamente ao longo do tempo, evitando picos excessivos que podem danificar o sistema em algumas ocasiões.

A Figura 5.5 mostra os pesos escolhidos para o controlador.

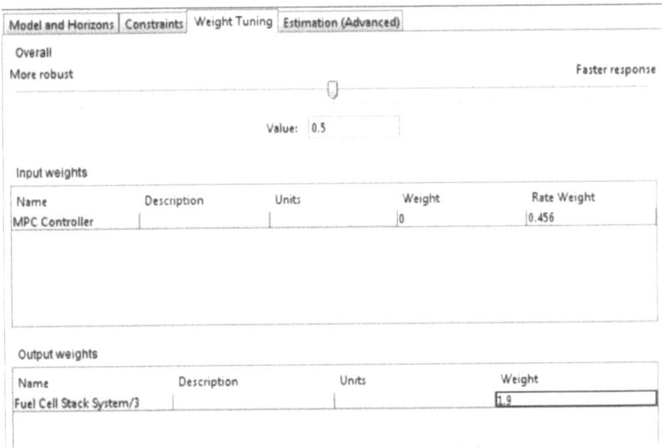

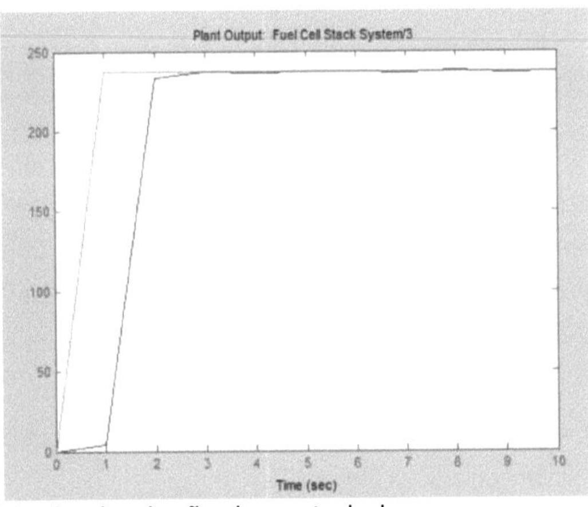

Fig. 5.5. Regulação do peso do regulador.

Como pode ser visto, o peso de entrada é 0,456, enquanto o valor padrão é 0,1. O peso de saída é 1,9, enquanto o valor padrão é 1. O peso de saída é 1,9, enquanto o valor predefinido é 1. Os valores foram alterados para que o controlador responda de forma mais adequada ao desempenho do sistema e ao ponto de regulação, enquanto o valor da barra é 0,5 para garantir que o controlador tem o mesmo peso em termos de robustez e velocidade de resposta. O cenário de simulação do controlador é ilustrado na Figura 5.6, onde a saída do sistema é apresentada a azul. Como se pode ver, o ponto de regulação é atingido e mantido neste valor, mesmo que a corrente varie ao longo do intervalo de tempo apresentado.

Fig. 5.6 Cenário de simulação do controlador.
O resultado da simulação para o sistema não linear é apresentado na Figura 5.7.

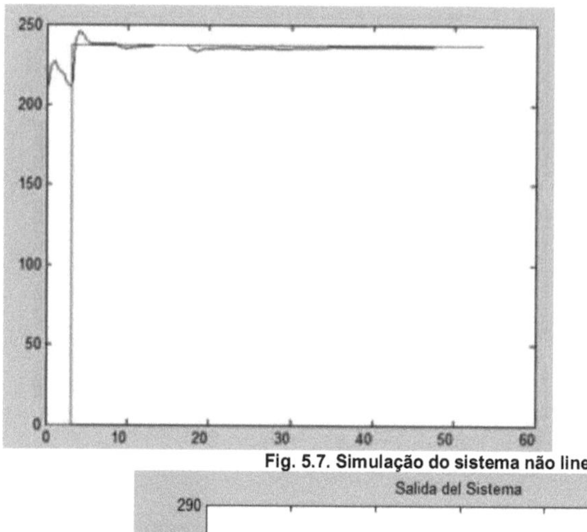

Fig. 5.7. Simulação do sistema não linear.

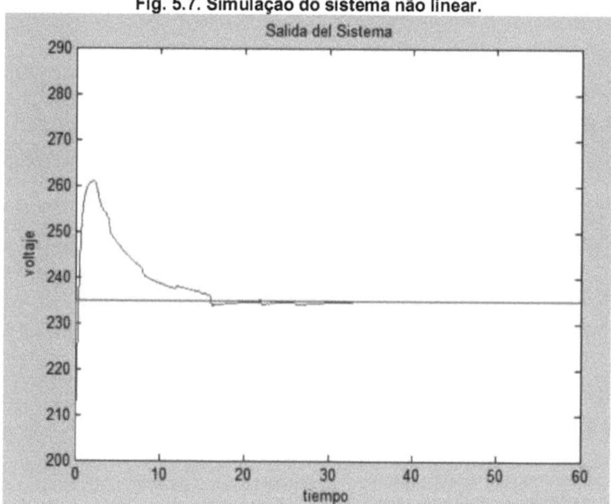

Fig. 5.8. Simulação com um período de 0,1 para o sistema não linear.

A linha azul mostra o comportamento do sistema, enquanto a linha verde mostra o setpoint, e como se pode ver, o sistema evolui de acordo com o setpoint dado. Como referido anteriormente, alterando o período de amostragem para 0,1 e deslocando o setpoint do estágio para um valor constante de 235 volts, apresentámos o diagrama resultante na Figura 5.8, no qual aumentámos a robustez do controlador, reduzimos os picos e tornámos a resposta mais suave, mas menos flutuante.

Se quisermos alterar o ponto de regulação em função do tempo, utilizamos o diagrama Simulink apresentado na Figura 5.9.

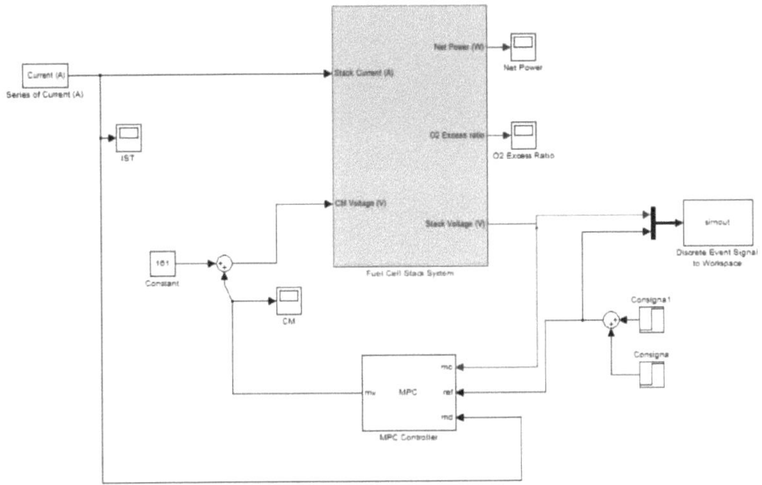

Fig. 5.9. Diagrama do Simulink para alterar o ponto de regulação.

O resultado da simulação com um tempo de amostragem de 1 e a introdução de um passo num tempo de 5 segundos é apresentado na Figura 5.10.

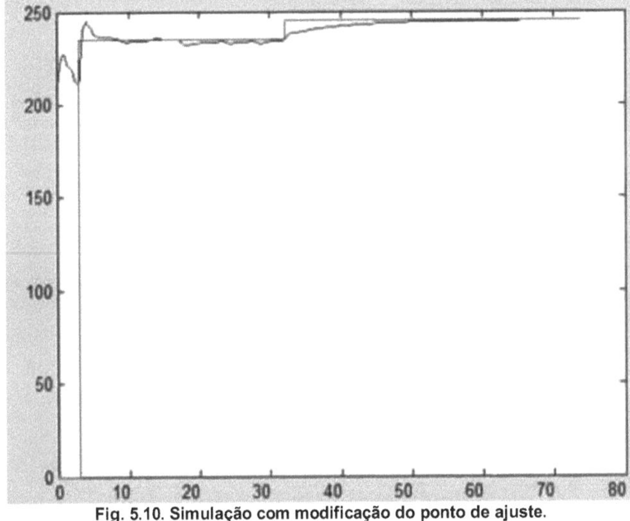

Fig. 5.10. Simulação com modificação do ponto de ajuste.

Se o valor do ponto de regulação variar num valor de 10 unidades com um período de amostragem de 0,1 segundos e o salto no valor do ponto de regulação for de 0 segundos, obtém-se o resultado apresentado na Figura 5.11.

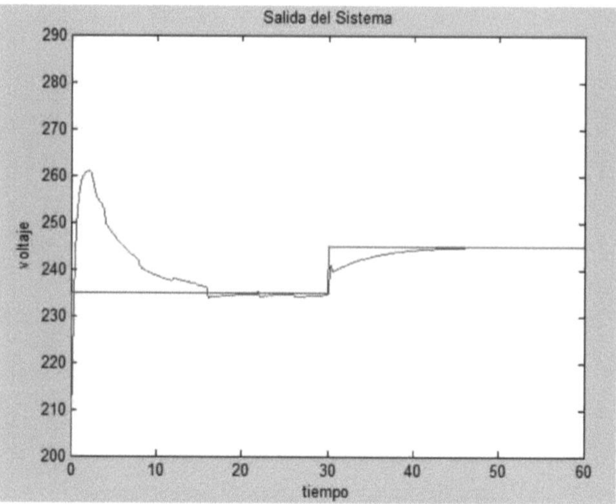

Fig. 5.11. Flyout com alteração do ponto de regulação.

Finalmente, tentamos seguir o valor definido mostrado na Figura 5.12, dando saltos de 10 volts, -30 volts e 10 volts para durações de 20 segundos.

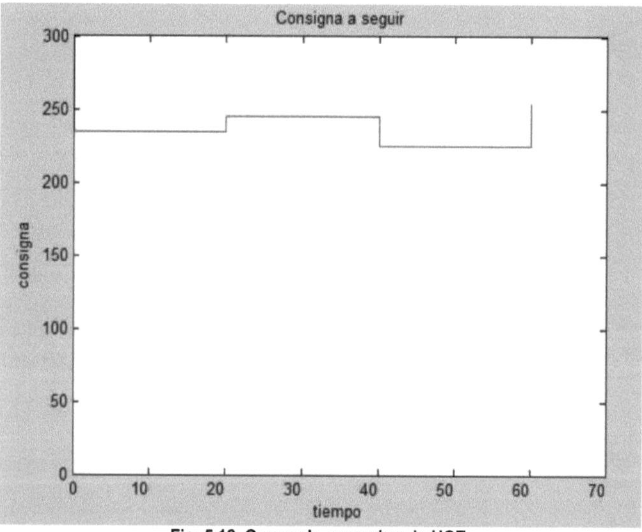

Fig. 5.12. Comando a seguir pela UCE.

A saída do controlador simulado será então a mostrada na Figura 5.13.

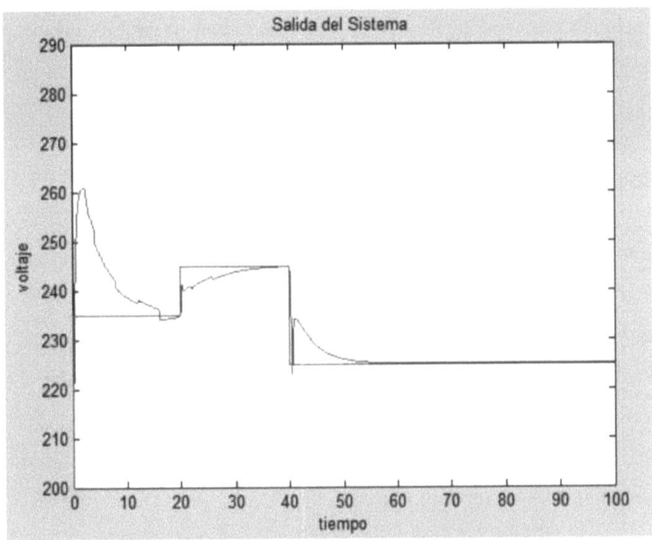

Fig. 5.13. Simulação do seguimento do ponto de regulação.

A Figura 5.14 mostra uma simulação final em que o ponto de ajuste é variado ainda mais para analisar o desempenho do controlador. Como se pode ver, o controlador segue o ponto de regulação e estabiliza ao longo do tempo para cada um dos pontos de regulação propostos.

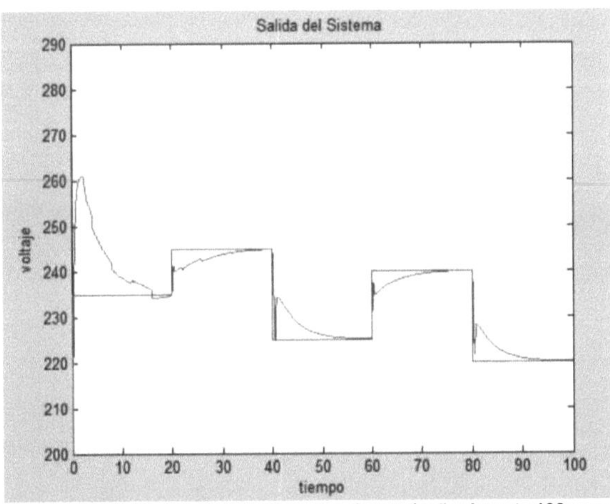

Fig. 5.14. Simulação do seguimento do ponto de regulação durante 100 segundos.

1.2. **Simulação da tensão de saída e do Wcp com entrada nula utilizando um controlo ótimo.**

Nesta secção, aplicaremos o controlo LQR à saída do sistema, começando com uma entrada nula, de modo a que a variável de saída tenda para zero. Em seguida, damos ao sistema uma entrada, ou seja, um ponto de referência, para que o sistema siga o ponto de referência dado, e depois comparamo-lo com as estratégias de controlo propostas.

1.2.1. **Regulação do regulador**

O controlo LQR da célula de combustível é efectuado para o sistema de seis estados já linearizado. Continuaremos a ponderar as matrizes Q e R de forma diferente e a analisar o diagrama de pólos e zeros que obtemos em cada matriz, a fim de visualizar os melhores resultados para o controlo. Finalmente, no primeiro caso, como indicado acima, a entrada é zero. A resposta deve, portanto, tender para zero. Para os valores dados na equação 5.1, os diagramas de simulação para a saída Wcp são mostrados na Figura 5.15.

Q = diag ([1 1 1 1 1 1 1]); R=diag ([1 1 1 1 1]) A saída Vst é mostrada na (5.1)
Figura 5.16. Como se pode observar, os gráficos assumem inicialmente um valor elevado, que tende a ser inferior ao valor que as variáveis assumem em estado estacionário, quando a corrente é constante, e depois tendem rapidamente para zero, de acordo com a entrada que lhes é imposta.

Fig. 5.15. Saída Wcp com entrada zero com os valores de Q e R da equação 5.1.

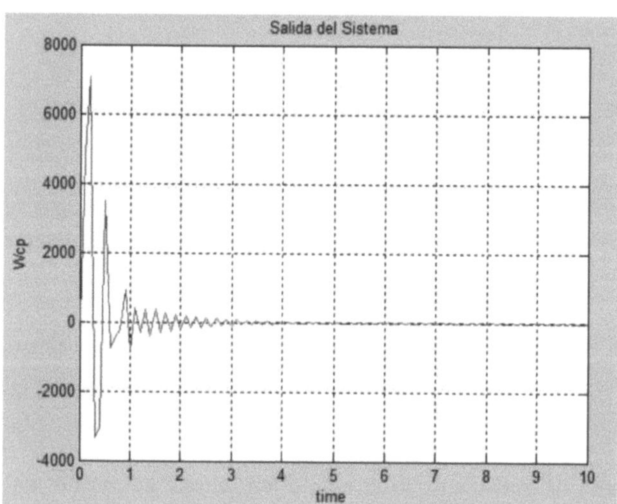

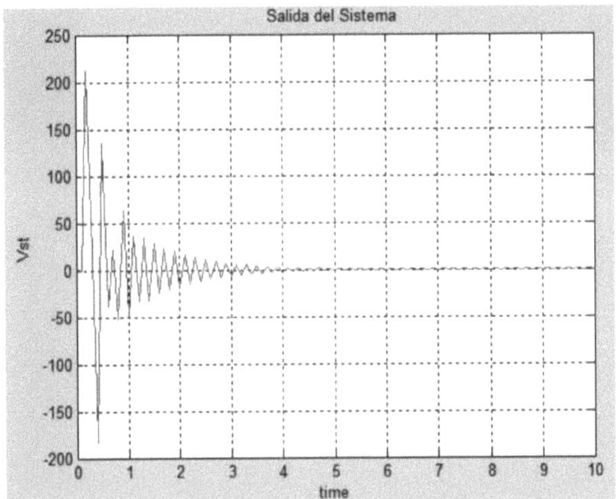

Fig. 5.16. Saída Vst à entrada zero com os valores de Q e R da equação 5.1.

O diagrama de pólos e zeros resultante é apresentado na Figura 5.17, onde se pode ver que a reação do sistema tende a tornar-se zero em menos tempo à medida que os pólos se afastam da origem, ou seja, a velocidade da reação aumenta.

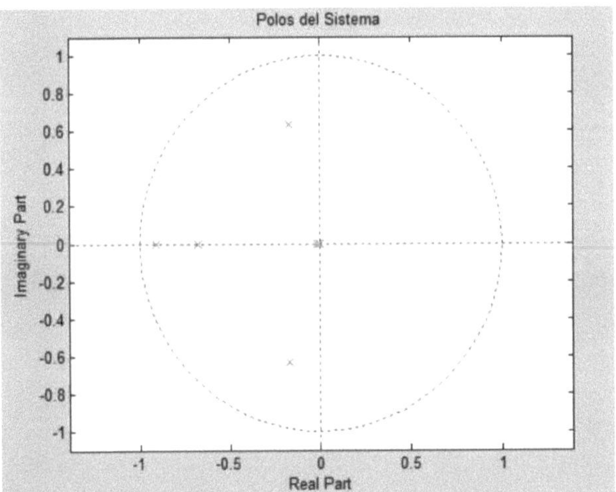

Fig. 5.17. Posição dos pólos e zeros para os valores de Q e R na equação 5.1.
Os pólos do circuito fechado serão

Para os valores da equação 5.2, os resultados da simulação para as variáveis Wcp e Vst serão os apresentados nas Figuras 5.18 e 5.19.

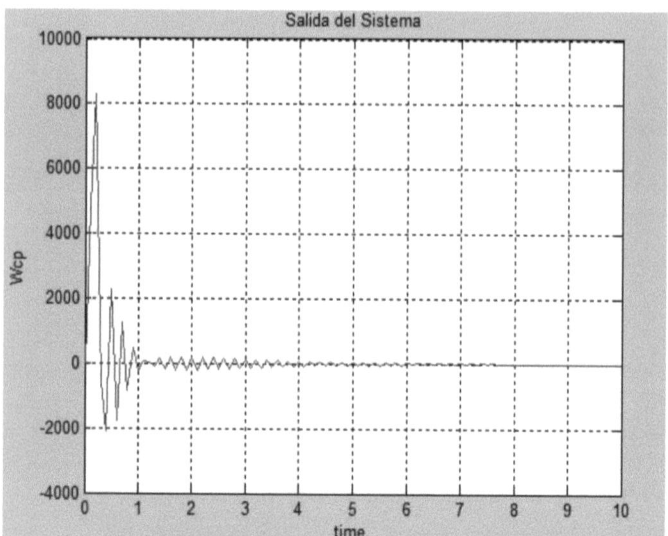

Fig. 5.18. Saída Wcp com entrada zero com os valores de Q e R da equação 5.2.

$$E = \begin{bmatrix} -0.1723 + 0.6366i \\ -0.1723 - 0.6366i \\ -0.9110 \\ -0.6752 \\ -0.0001 \\ -0.0165 \end{bmatrix}$$

Q=diag [10 10 10 10 10 10 10 10] ; R=diag [0,1 0,1].

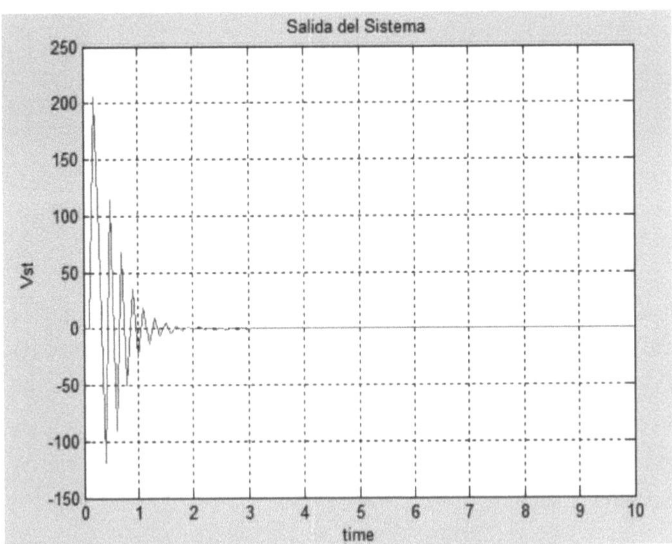

Fig. 5.19. Saída Vst à entrada zero com os valores de Q e R da equação 5.2.

Como se pode ver, os pólos estão mais afastados da origem do que no caso anterior, mas os restantes pólos estão mais próximos da origem das coordenadas do círculo unitário, o que se reflecte na velocidade, mas o sobre-impulso é mais fraco e aproxima-se dos valores do estado estacionário. O diagrama de pólos e zeros é apresentado na figura seguinte:

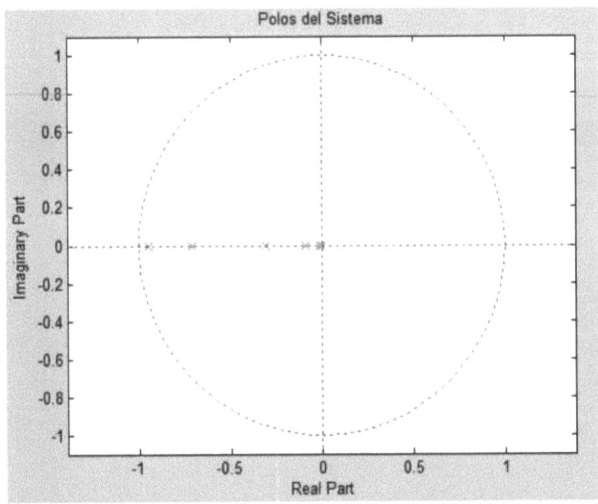

Fig. 5.20. Posição dos pólos e zeros para os valores de Q e R na equação 5.2.

Os pólos do sistema são os seguintes:

$$E = \begin{bmatrix} -0.9490 \\ -0.7128 \\ -0.3095 \\ -0.0896 \\ -0.0162 \\ -0.0000 \end{bmatrix}$$

Um resultado de simulação mais adequado para a tensão é obtido a partir dos valores da equação 5.3, onde vemos que, em comparação com o diagrama anterior, fazemos um maior esforço de regulação, pelo que o valor do overshoot diminui e a velocidade de reação também melhora. Os diagramas 5.21 mostram a resposta para cada variável de tensão. Os melhores valores de Q e R para a variável Wcp são apresentados na equação 5.4.

Q=diag [100 1000 100 100 1000 100] ; R=diag [0,01 0,01].   (5.3)

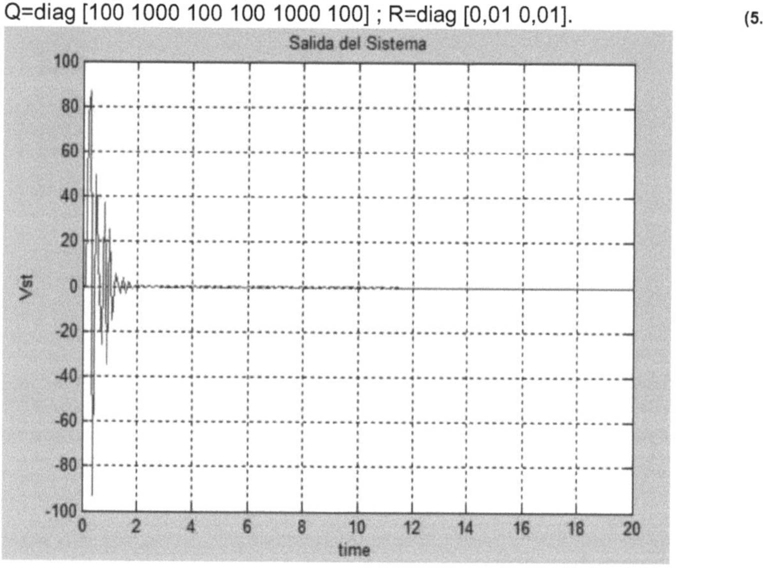

Fig. 5.21. Saída Vst à entrada zero com os valores de Q e R da equação 5.3.

O diagrama de pólos e zeros é apresentado na Figura 5.22. Como podemos ver, os pólos estão localizados no eixo e mais próximos da origem, como se pode ver pelos valores seguintes:

$$
E = \begin{bmatrix}
-0.6347 + 0.3346i \\
-0.6347 - 0.3346i \\
-0.4532 \\
0.0051 \\
-0.0001 \\
-0.0000
\end{bmatrix}
$$

$$
K = 1.0e + 004 * \begin{bmatrix}
0.1169 & 1.0170 & 0.2755 & 0.0158 & -3.2494 & 0.0051 \\
-0.1918 & -1.5717 & -0.4520 & -0.0269 & 5.3117 & -0.0083
\end{bmatrix}
$$

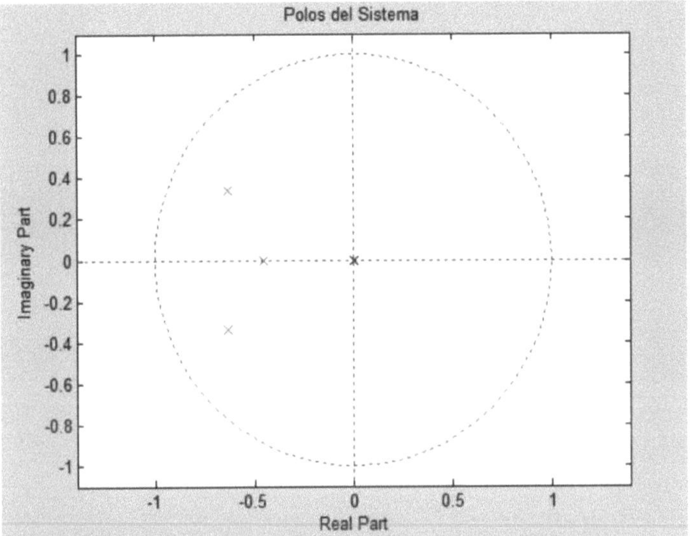

Fig. 5.26. Posição dos pólos e zeros para os valores de Q e R na equação 5.3.

A confirmação do controlo será
A equação 5.4 é definida por

Q=diag [100 100 1000 1000 100 10 100] ; R=diag [0,1 0,1]

A resposta do sistema à variável Wcp é mostrada na Figura 5.27, enquanto o diagrama de pólo-zero pode ser visto na Figura 5.28.

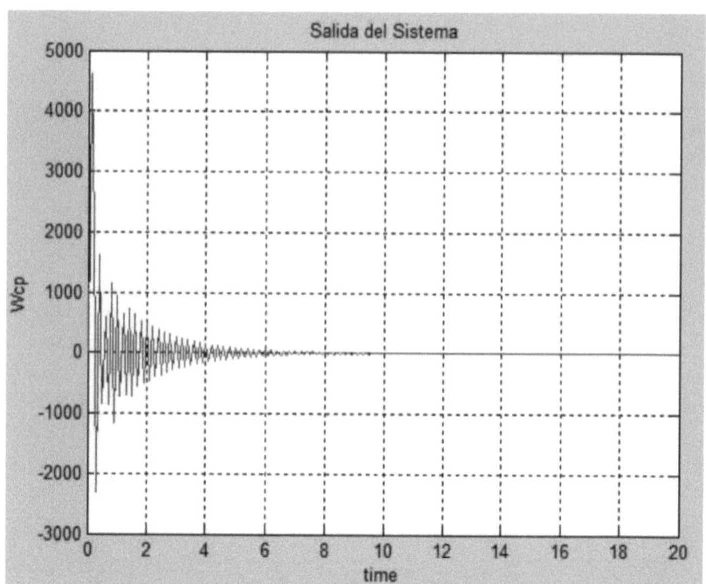

Fig. 5.27. Saída Wcp com entrada zero com os valores de Q e R da equação 5.4.

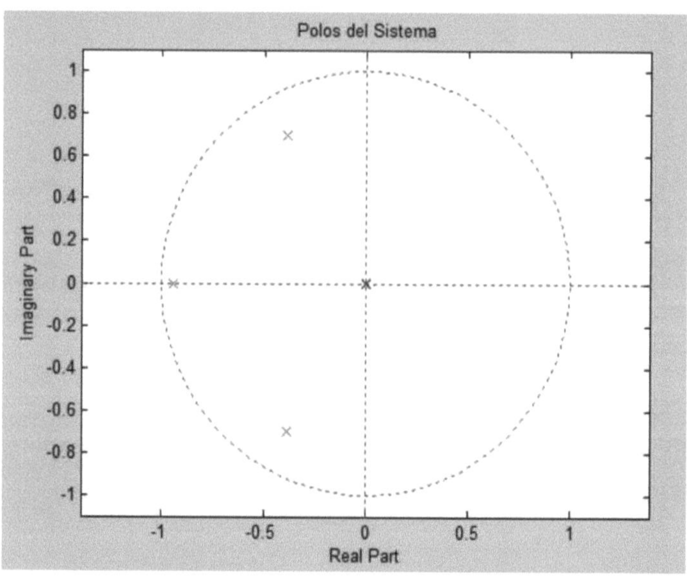

$$K = 1.0\mathrm{e}+004 * \begin{bmatrix} -0.0981 & 0.1715 & -0.2319 & -0.0133 & 2.3719 & -0.0033 \\ 0.1263 & -0.3208 & 0.2989 & 0.0162 & -3.0054 & 0.0042 \end{bmatrix}$$

A confirmação do controlo será

O diagrama de pólos e zeros é mostrado na Figura 5.28. Podemos ver

que um pólo está no centro do círculo unitário, outro no eixo, e um deles
está mais afastado da origem, como podemos ver nos valores

$$E = \begin{bmatrix} 0.3872 + 0.6954i \\ -0.3872 - 0.6954i \\ -0.9432 \\ -0.0002 + 0.0031i \\ -0.0002 - 0.0031i \\ 0.0000 \end{bmatrix}$$

seguintes:

1.3. Simulação de uma saída de tensão com um valor de referência de entrada diferente de zero

Controlo ótico.

Tal como no MPC, definimos o ponto de regulação da tensão para um valor entre
200 e 250 volts, de modo a visualizar a resposta do sistema não linear ao passo
dado. Na Figura 5.29, começamos por dar um valor de referência de 235 volts,
enquanto na Figura 5.31 baixamos esse valor para um valor de referência de 220
volts para ver a resposta do controlador aos valores de entrada.

Da mesma forma, traçaremos o diagrama pólo-zero para analisar a estabilidade do
sistema. O sistema tem o mesmo tempo de amostragem e as mesmas matrizes
características que as simuladas para a entrada nula e as simuladas nos resultados
do MPC, o que nos permitirá fazer uma comparação em termos de eficiência dos
resultados num capítulo posterior.

Na Figura 5.29, vemos que o sobrepulso inicial atinge um valor de 260 volts,
diminuindo depois até atingir um valor estável no espaço de dois segundos.

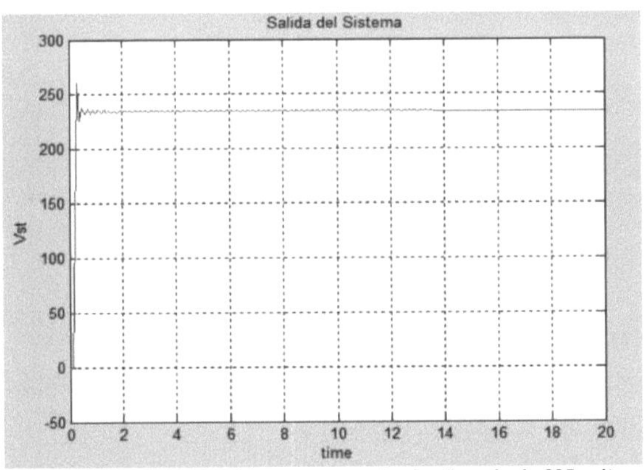

Fig. 5.29. Resposta do sistema a uma entrada não nula de 235 volts.

As matrizes de peso que utilizámos para a simulação são Q=diag ([100 1000 100 100 100 100 100 100 100 100 100 100 10 100 100 100]); e R=diag ([0,1 0,1]). A posição dos pólos está dentro do círculo unitário, o que mostra que o sistema é estável e também está no semiplano negativo, como mostra a Figura 5.30.

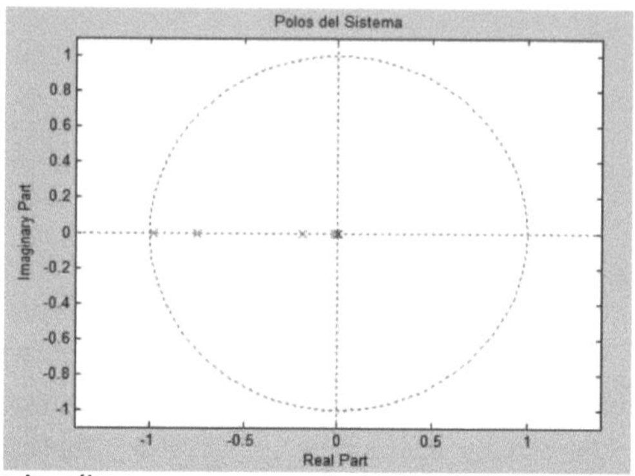

Fig. 5.30. Posição dos pólos e zeros para uma entrada não nula de 235 volts.

Para um valor de referência de 220 volts, o sobrepulso é certamente maior, mas o tempo de estabilização do sistema é menor. O sistema reage adequadamente ao ponto de ajuste dado, pois estabiliza no valor indicado; o diagrama de pólos e zeros é mostrado na Figura 5.32.

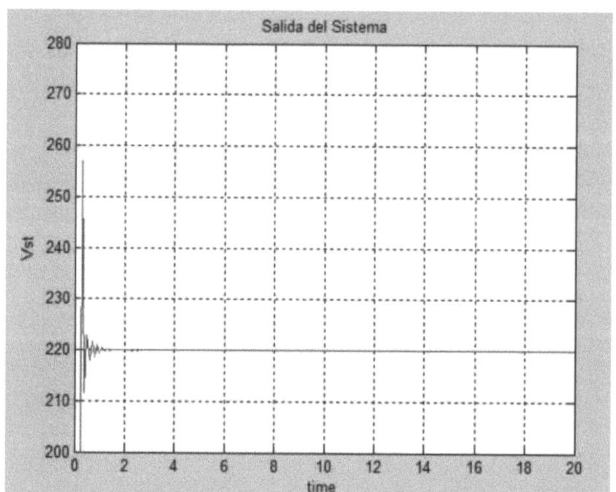

Fig. 5.31. Resposta do sistema a uma entrada não nula de 220 volts.

Os valores das matrizes Q e R utilizados para a simulação são os seguintes:

Q=diag ([100 1000 100 100 100 100 100 100 100 10 100 100]) e R=diag ([1 1]).

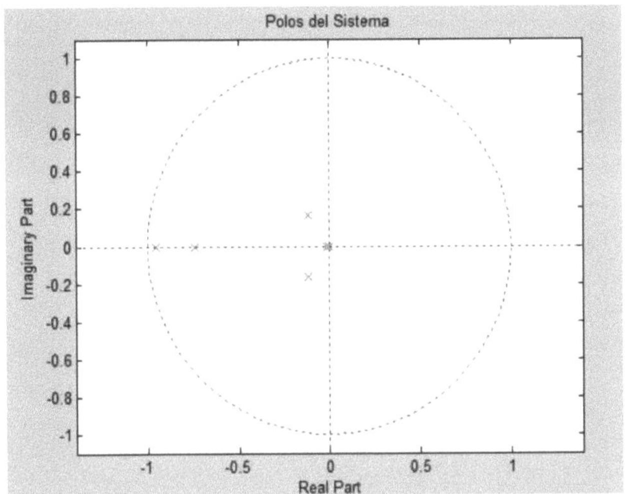
Fig. 5.32. Posição dos pólos e zeros para uma entrada de 220 volts que não é zero.

Podemos ver que a velocidade com que o sistema reage muda à medida que os pólos se afastam da origem, como se pode ver nos gráficos 5.29 e 5.31.

1.4. Simulação do rácio de oxigénio de saída com um valor de ponto de regulação zero

Controlo ótico.

As matrizes características C e D mudam para o caso destas variáveis, como descrito em **[2]**, enquanto a matriz A e a matriz B permanecem as mesmas. A Figura 5.33 mostra a evolução das variáveis para a razão de oxigénio com entrada zero nas condições da equação 5.5.

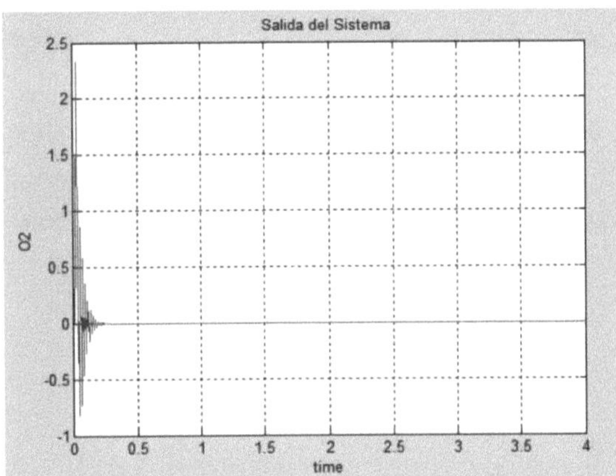
Fig. 5.33. Saída de O2 com entrada zero com os valores de Q e R da equação 5.5.

Os pólos e zeros no semiplano esquerdo do círculo unitário tomam então os valores de :

Q=diag ([1 1 1 1 1 1 1 1]); R=diag ([1 1]); $\qquad$ (5.5)

$$E = \begin{bmatrix} -0.7464 \\ -0.5783 \\ -0.2075 \\ -0.0966 \\ -0.0084 \\ -0.0165 \end{bmatrix}$$

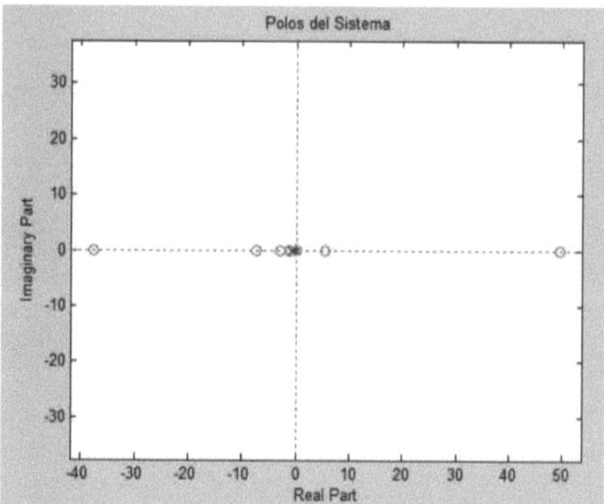

Fig. 5.34. Diagrama pólo-zero para entrada zero com os valores de Q e R da equação 5.4.

Q=diag ([100 1000 10 10 1 100 9 10]); R=diag ([0.01 1]); $\qquad$ (5.6)

Se analisarmos a figura, o oxigénio atinge o valor de 2,4 e depois toma o valor da entrada desejada em menos de um segundo, ou seja, vai para zero. É importante que as variáveis, neste caso o oxigénio, não ultrapassem o valor de 3, pois isso levaria a problemas de funcionamento da bateria. Como vimos, os pólos estão localizados dentro do círculo unitário, três deles estão próximos da origem e outros três estão longe dela, alguns deles não são cancelados por zeros. Se quisermos variar os parâmetros, podemos introduzir os indicados na equação 5.6 e obter como resultado o diagrama 5.35 para a evolução da percentagem de oxigénio.

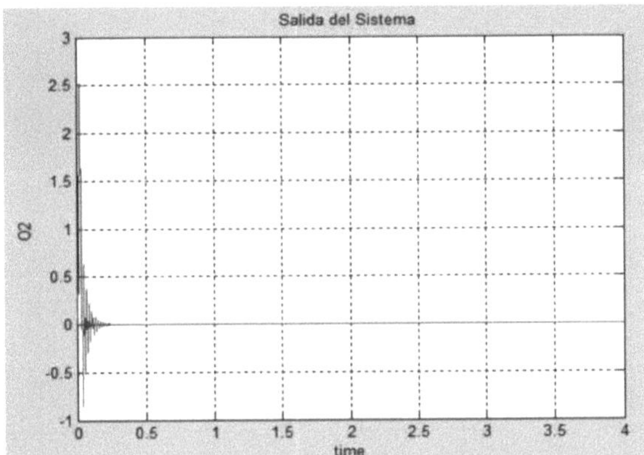

Fig. 5.35. Saída de O2 com entrada zero com os valores de Q e R da equação 5.6.

O diagrama de pólos e zeros é apresentado na Figura 5.36.
Fig. 5.36. Diagrama pólo-zero para uma entrada nula com os valores de Q e R

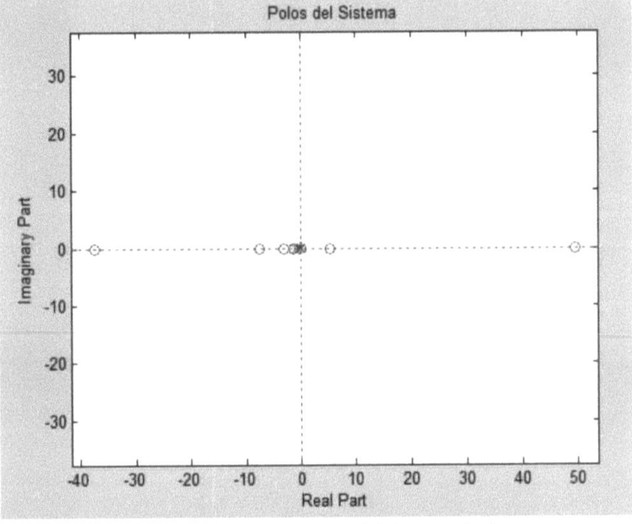

da equação 5.6.
Os pólos e zeros no semiplano esquerdo do círculo unitário são da forma
Valores de :

$$E = \begin{bmatrix} -0.7834 \\ -0.5151 \\ -0.0436 + 0.1155i \\ -0.0436 - 0.1155i \\ -0.0000 \\ -0.0166 \end{bmatrix}$$

Podemos ver que a resposta melhora tanto para o sobre-pulso como para o tempo de estabilização, os pólos afastam-se da origem e o pólo dominante marca a dinâmica da resposta do sistema. Além disso, os pólos já não estão inteiramente no eixo, mas existem dois no plano imaginário.

Obtém-se uma melhor resposta à dinâmica do sistema com a equação 5.7, cujo efeito na produção da fração de oxigénio é ilustrado na Figura 5.37. A fração de oxigénio é um indicador da eficiência do sistema.

Q=diag ([100 1000 100000 100 100 100 100 100 10]); R=diag ([0,1 0,1])

Fig. 5.37. Saída de O2 com entrada zero com os valores de Q e R da equação 5.7.

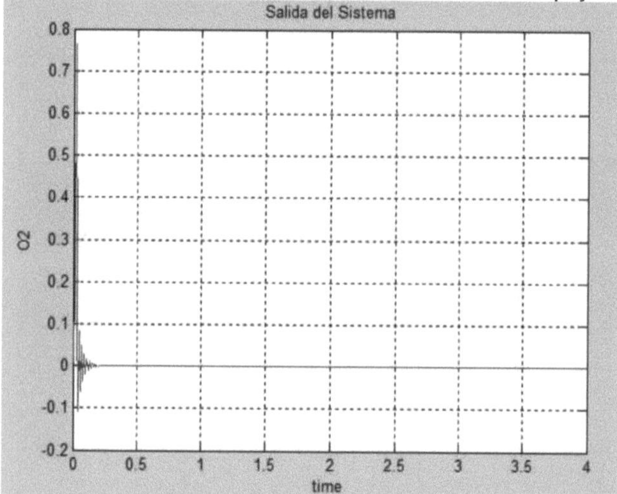

$$K = 1e4*\begin{bmatrix} -0.1115 & 0.1214 & -0.2635 & -0.0151 & 2.7203 & -0.0038 \\ 0.1459 & -0.2471 & 0.3452 & 0.0189 & -3.5174 & 0.0049 \end{bmatrix}$$

O vetor de feedback é então o seguinte

$$E = \begin{bmatrix} -0.7559 \\ -0.1781 \\ -0.0012 + 0.0102i \\ -0.0012 - 0.0102i \\ -0.0011 \\ -0.0162 \end{bmatrix}$$

Enquanto os pólos são definidos por :

Aqw, vemos que um pólo sai da origem e que todos os pólos permanecem no círculo unitário, ou seja, os pólos que estão mais próximos da origem no plano imaginário, bem como o pólo dominante. A diferença reside no facto de, na matriz Q, o terceiro estado, que controla a dinâmica da relação oxigénio/produto, ter sido mais ponderado, tal como a ponderação do segundo estado foi modificada. Assim, vemos que o overshoot diminui enquanto o tempo de estabilização diminui, de modo que o diagrama pólo-zero é mostrado na Figura 5.38.

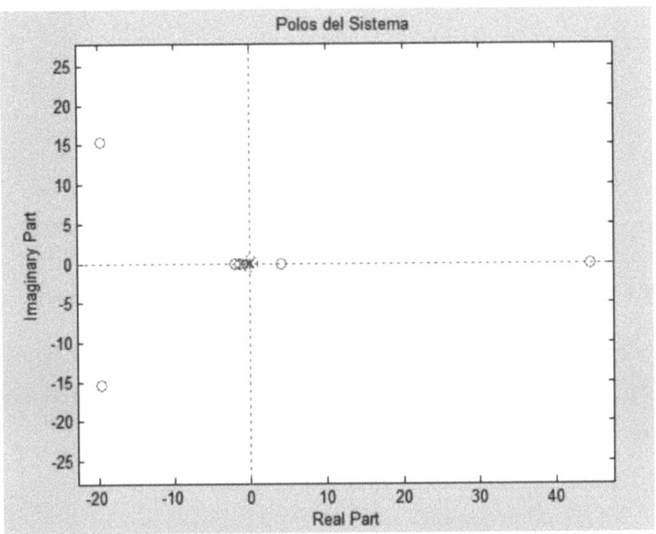

Fig. 5.38. Diagrama pólo-zero para entrada zero com os valores de Q e R da equação 5.7.

1.5. Simulação do rácio de oxigénio de saída para um valor do ponto de regulação de entrada diferente de zero

Controlo ótico.

Tal como no caso da variável tensão, atribuímos à entrada, que não é zero, dois valores diferentes, 2 e 1,8 unidades, que se encontram dentro dos valores efectivos de funcionamento da chaminé, a fim de evitar o fenómeno de inanição. Os diagramas 5.39 ilustram a evolução do sistema e a resposta da razão de oxigénio ao primeiro valor de referência dado, para o qual os valores da equação 5.7 são utilizados nas matrizes Q e R. Os diagramas 5.39 mostram também a resposta do sistema ao segundo valor de referência.

Procuramos valores para a matriz de ponderação que evitem a ultrapassagem, porque, ao contrário da variável tensão, uma forte ultrapassagem na percentagem de oxigénio pode afetar a eficiência do sistema, bem como a sua qualidade de funcionamento e vida útil.

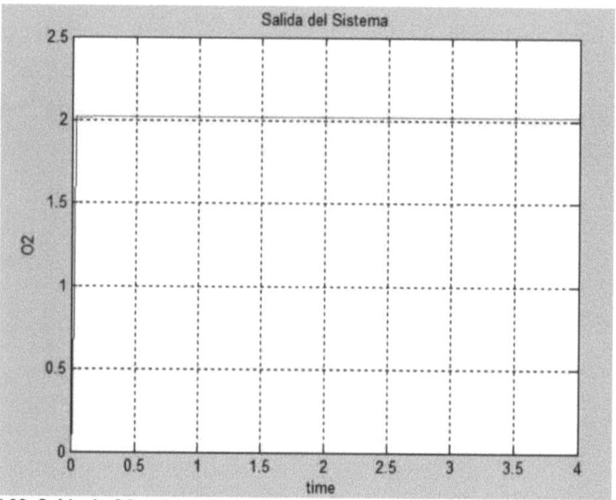

Fig. 5.39. Saída de O2 numa entrada diferente de zero com um valor de 2 unidades.

O diagrama de pólos e zeros é mostrado na Figura 5.40 e, como podemos ver, tem uma dinâmica semelhante à dos casos de entrada nula, com pólos no plano complexo e no eixo, todos dentro do círculo unitário.

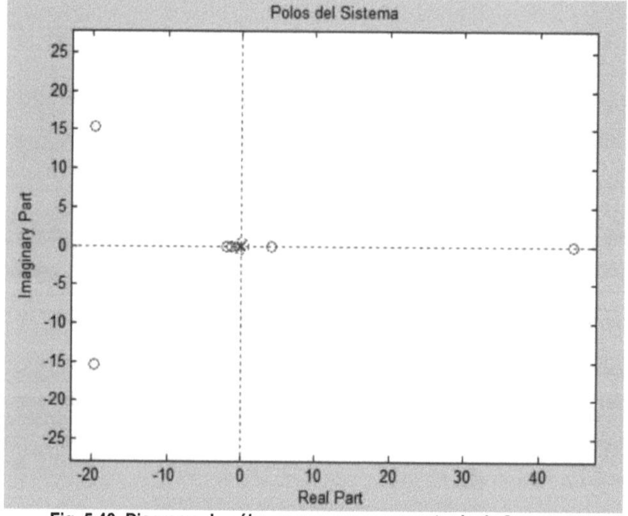

Fig. 5.40. Diagrama de pólos e zeros para uma entrada de 2 grupos.
A localização dos postes é certamente

Se o ponto de regulação for variado até ao segundo valor descrito acima, a evolução da saída pode ser vista na Figura 5.41 com os seguintes valores das matrizes Q e R:

Q=diag ([100 1000 100000 100 100 100 100 100 10]); R=diag ([0,1 0,1]) ;

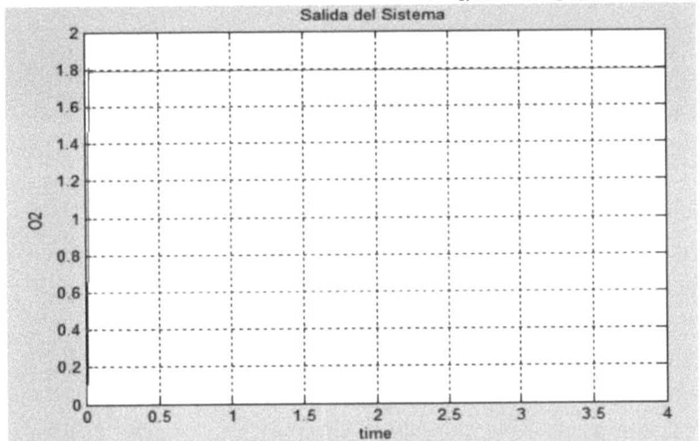
Fig. 5.41. Saída de O2 numa entrada diferente de zero com um valor de 1,8 unidades.

$$E = \begin{bmatrix} -0.7559 \\ -0.1781 \\ -0.0012 + 0.0102i \\ -0.0012 - 0.0102i \\ -0.0011 \\ -0.0162 \end{bmatrix}$$

O diagrama de pólos e zeros é apresentado na Figura 5.42.

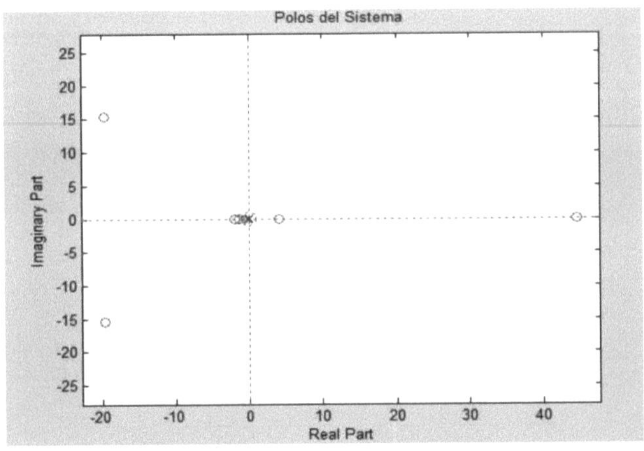
Fig. 5.42. Diagrama de pólos e zeros a 1,8 unidades de entrada.

A matriz de feedback K é definida por :

Verifica-se que os valores propostos são concebidos para reduzir a ultrapassagem do valor de pico, evitar valores de inanição e atingir o valor definido no menor tempo possível de estabilização.

2.   Controlo adaptativo

$$K = 1e4*\begin{bmatrix} -0.1115 & 0.1214 & -0.2635 & -0.0151 & 2.7203 & -0.0038 \\ 0.1459 & -0.2471 & 0.3452 & 0.0189 & -3.5174 & 0.0049 \end{bmatrix}$$

Para trabalhar no controlo adaptativo, vamos reduzir a ordem do sistema linear escolhido. O sistema inicial, representado na equação 4.2, é totalmente observável e controlável e é de ordem seis, mas o comportamento do sistema pode, no entanto, assemelhar-se ao de um sistema de segunda ordem. Para verificar este facto, vamos analisar a resposta do diagrama de Bode e a posição dos pólos e zeros, ao mesmo tempo que calculamos o ganho das respectivas funções de transferência e analisamos a resposta em estado estacionário antes de um degrau unitário de entrada.

Redução de modelos para controlo adaptativo de tensão variável.

A Figura 4.3 mostra a resposta do diagrama de Bode do sistema linear de seis estados, enquanto a Figura 5.43 mostra a resposta do diagrama de Bode para um sistema de dois estados cuja função de transferência é representada pela equação 5.8.

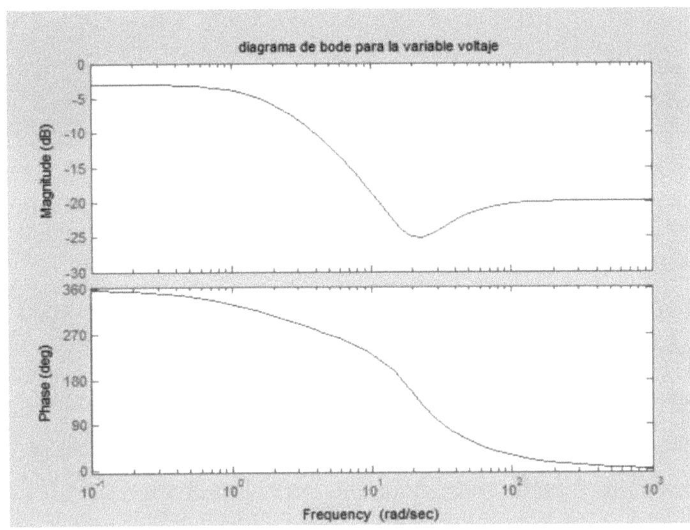

Fig. 5.43. Diagrama de Bode das variáveis de tensão para dois estados.

$$\frac{Vst}{Vcp} = \frac{0.1023s^2 - 1.952s + 41.27}{s^2 + 30.59s + 58}$$ (5.8)

Se elaborarmos um gráfico comparativo entre os dois, obtemos o gráfico apresentado na Figura 5.44.

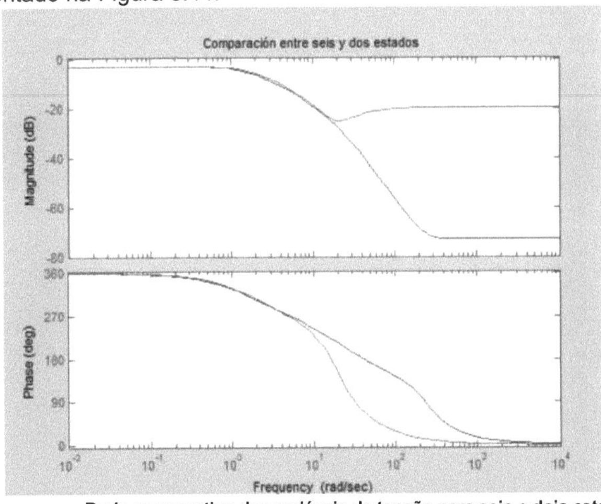

Fig. 5.44. Diagrama de Bode comparativo das variáveis de tensão para seis e dois estados.

111

$$P = \begin{bmatrix} -50.3651 \\ -21.4124 \\ -18.2964 \\ -2.9139 \\ -1.6480 \\ -1.4041 \end{bmatrix}$$

Como podemos ver, a resposta de baixa frequência é semelhante, enquanto a resposta de alta frequência é plana. No entanto, a operação de empilhamento permite-nos trabalhar com a mesma. Para obter o ganho K da nova função de transferência de ordem reduzida, tomamos a função de transferência de sexta ordem e a fatoramos para mostrar a localização dos polos e zeros (5.9), enquanto na Figura 5.45 mostramos o diagrama dos polos e zeros da função de transferência da equação 4.2.

$$\frac{Vst}{Vcp} \sim \frac{0,00022438(s + 91,3)(s + 21,46)(s + 2,76)(s + 1,34)(s^2 - 294,3s + 5,78e004)}{(s + 50,37)(s + 21,41)(s +18,3)(s + 2,9)(s +1,648)(s +1,404)} \qquad (5.9)$$

A localização dos pilares é

Como se pode ver na Figura 5.45, existem dois zeros de fase não mínimos no lado direito do plano, enquanto os outros pólos e zeros se anulam, com exceção dos que se encontram nos eixos -50,3 e -18,3, sendo este último o pólo dominante do sistema.

$$Z = 1.0e + 002 * \begin{bmatrix} 1.4713 + 1.9028i \\ 1.4713 - 1.9028i \\ -0.9130 \\ -0.2146 \\ -0.0276 \\ -0.0135 \end{bmatrix}$$

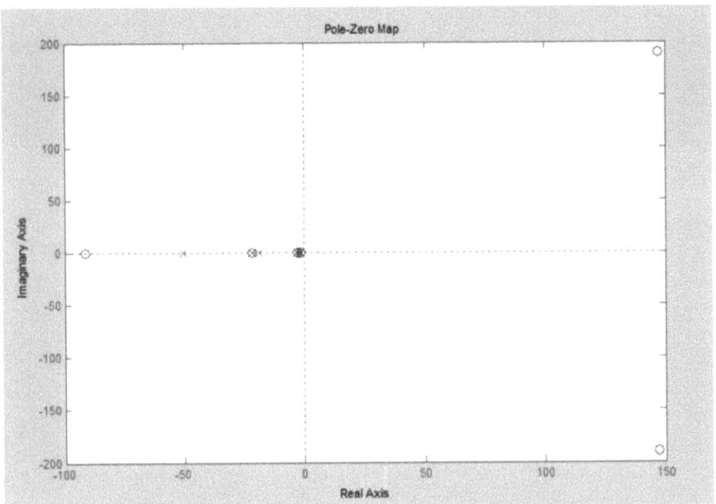
Fig. 5.45. Diagrama de pólo-zero da função de transferência de seis níveis.

M A função de transferência convertida para o caso do modelo de ordem reduzida é mostrada na Equação 5.10 e o diagrama correspondente de pólos e zeros é reproduzido na Figura 5.46.

$$\frac{Vst}{Vcp} = \frac{0.10226(s^2 - 19.09s + 403.6)}{(s + 28.55)(s + 2.031)}$$

(5.10)

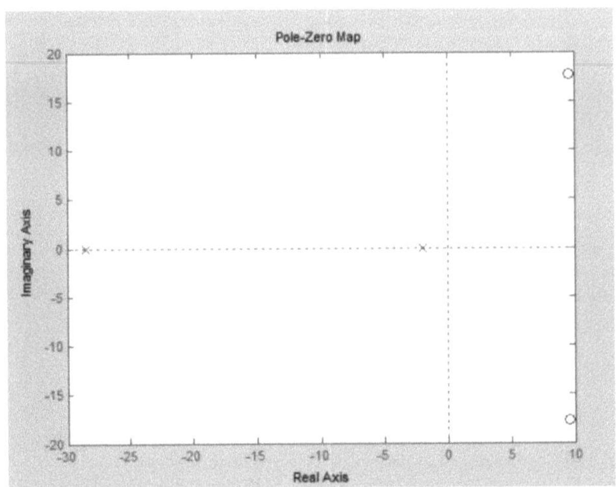
Fig. 5.46. Diagrama de pólo-zero da função de transferência de ordem reduzida.

Podemos ver que existem também dois zeros de fase não mínimos que devem ser cancelados pelo controlador no momento da regulação, estando o pólo dominante a -2,03, pelo que a posição dos pólos e zeros :

Para obter o ganho da nova função de transferência, faremos a verificação tomando os Kmites de quando s tende a zero das duas funções e colocando-os iguais, depois analisaremos a resposta estacionária das duas quando o tempo tende a infinito.

$$P = \begin{bmatrix} -28.5548 \\ -2.0311 \end{bmatrix}$$

$$Z = \begin{bmatrix} 9.5447 + 17.6779i \\ 9.5447 - 17.6779i \end{bmatrix} \quad \lim_{s \to 0} s * \left(\frac{1}{s} \right) Y_6(s) = \lim_{s \to 0} s * \left(\frac{1}{s} \right) Y_2(s)$$

A resposta estacionária do sistema de seis estados à entrada em degrau unitário é mostrada na Figura 5.47, enquanto a resposta estacionária para a função de transferência de ordem reduzida é mostrada na Figura 5.48. A resposta estacionária do sistema de seis estados à entrada em degrau unitário é mostrada na Figura 5.47.

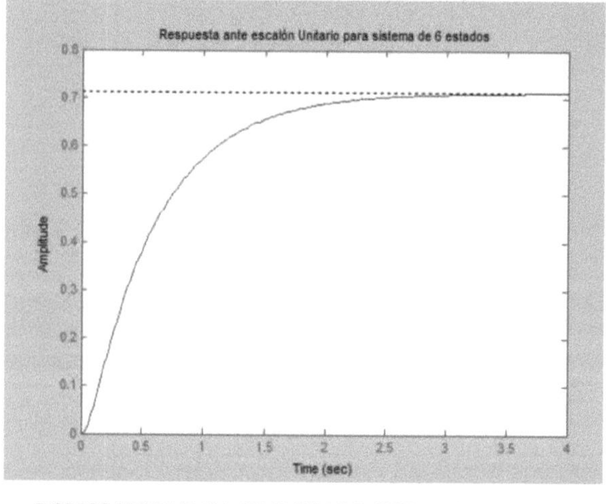

$$\frac{0.00022438(91.3)(21.46)(2.76)(.34)(5.78e004)}{(50.37)(21.41)(18.3)(2.9)(1.648)(1.404)} = \frac{K(403.6)}{(28.55)(2.031)}$$

K=0.10.

Fig. 5.47 Comportamento estacionário do sistema de seis estados.

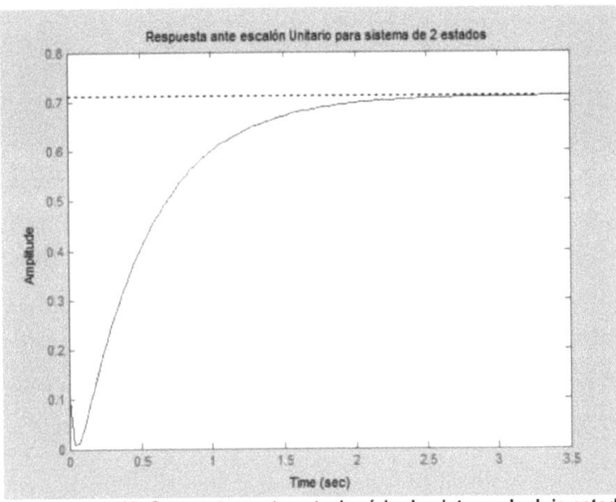

Fig. 5.48. Comportamento estacionário do sistema de dois estados para a variável tensão.

$$\frac{\lambda O_2}{Vcp} = \frac{-0.0003202s^2 + 0.2788s + 0.3988}{s^2 + 16.59s + 28.36}$$

(5.11)

Como se pode ver na Figura 5.49, que é uma comparação entre as Figuras 5.47 e 5.48, os dois gráficos convergem para o mesmo valor com o K calculado num dado momento, porque as suas dinâmicas são semelhantes.

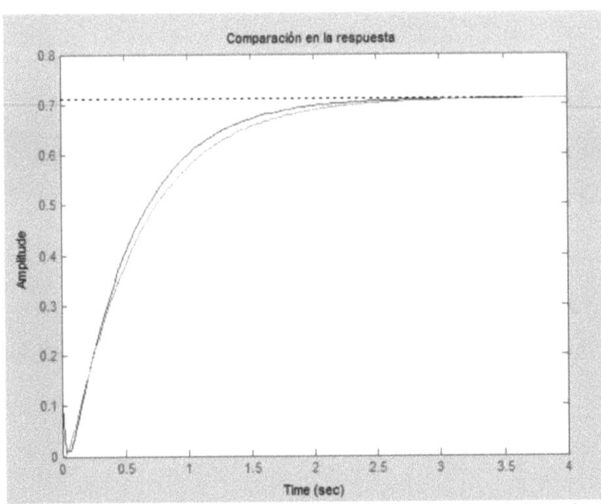

Fig. 5.49 Comparação do comportamento estacionário do sistema de seis estados e do sistema de dois estados.

2.2 Redução de modelos para o controlo adaptativo da variabilidade do oxigénio

Para a variável variação de oxigénio, o sistema inicial, controlável e observável é representado pela equação 4.6, enquanto o diagrama de Bode correspondente é mostrado na Figura 4.8. Da mesma forma que para a variável tensão, iremos trabalhar com um sistema reduzido, uma vez que o sistema de sexta ordem pode comportar-se como um sistema de segunda ordem, pelo que para analisar a sua correspondência iremos verificar a posição dos pólos e o correspondente diagrama de Bode de forma a calcular o ganho estacionário da nova função de transferência. A nova função de transferência do sistema de ordem reduzida é dada pela equação 5.11.

O diagrama de Bode da função de ordem reduzida é apresentado na Figura 5.50.

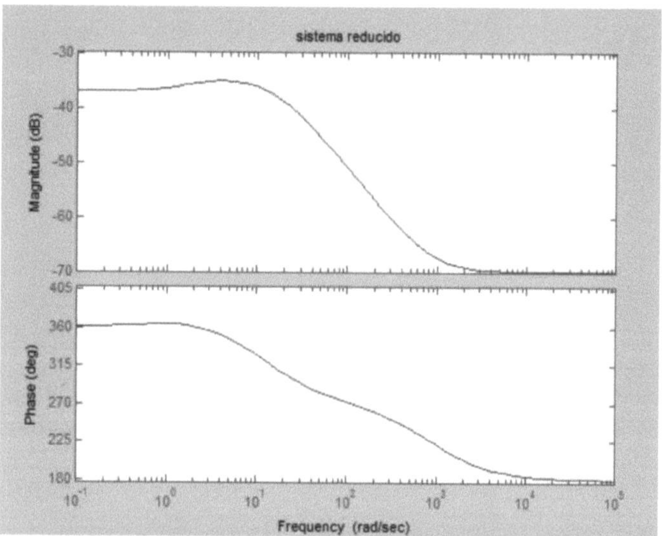

Fig. 5.50. Diagrama de Bode do sistema reduzido para a variável óxido.

O diagrama de Bode comparativo entre o sistema de ordem total e o sistema de ordem reduzida é apresentado na Figura 5.51.

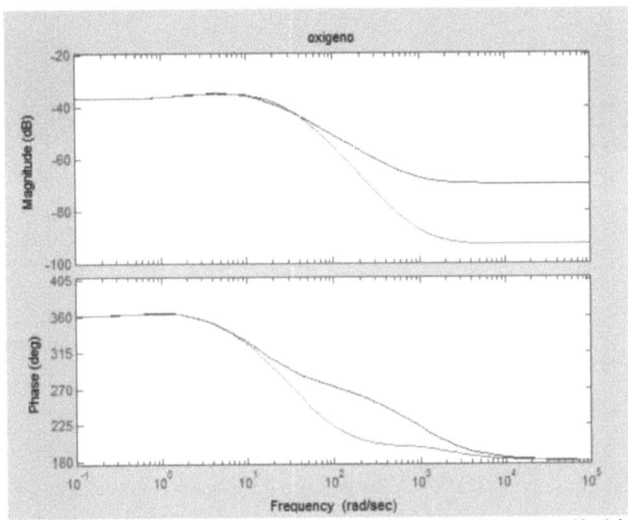

Fig. 5.51. Diagrama de Bode do sistema de ordem total e reduzida para a variável óxido.

Como se pode ver, os sistemas comportam-se de forma semelhante a baixas frequências, enquanto o seu comportamento diverge a altas frequências, mas devido às condições da pilha de combustível PEM é possível trabalhar com o sistema de ordem reduzida. A função de transferência de ordem completa decomposta nos seus pólos e zeros é representada pela equação 5.12. O diagrama de pólos e zeros é apresentado na figura 5.52.

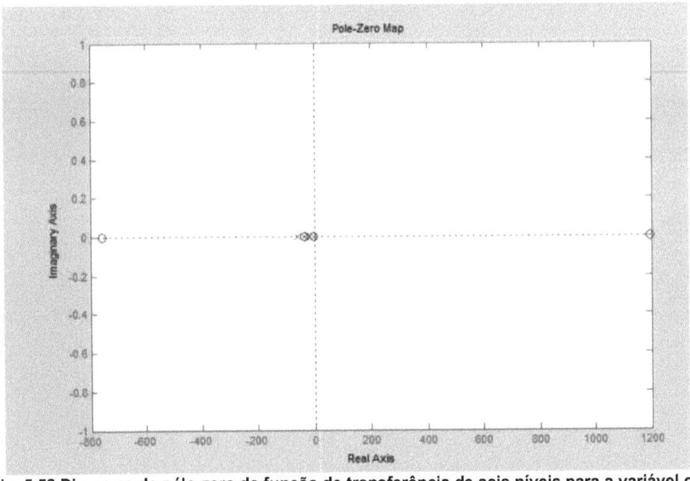

Fig. 5.52 Diagrama de pólo-zero da função de transferência de seis níveis para a variável oxigénio.

A localização dos postes encontra-se no lado esquerdo do plano, e a sua posição é

$$P = \begin{bmatrix} -59.4106 \\ -31.7256 \\ -18.2453 \\ -2.9315 \\ -1.6573 \\ -1.3942 \end{bmatrix}$$

$$\frac{\lambda O_2}{Vcp} = \frac{-2.1963e-005(s-1195)(s+758.9)(s+33.42)(s+2.48)(s+1.479)(s+1.342)}{(s+59.41)(s+31.73)(s+18.25)(s+2.932)(s+1.657)(s+1.394)}$$

(5.12)

A posição dos zeros é

Como se pode ver, os pólos e zeros anulam-se, deixando o pólo dominante em -18,2453 e um zero de fase não mínimo no semi-plano positivo, que também está no eixo. Vamos agora considerar os pólos e zeros da função de transferência reduzida. A Figura 5.53 nos mostra a posição dos polos e zeros no plano para o sistema de dois estados.

$$Z = 1.0e+003 * \begin{bmatrix} 1.1947 \\ -0.7589 \\ -0.0334 \\ -0.0025 \\ -0.0015 \\ -0.0013 \end{bmatrix}$$

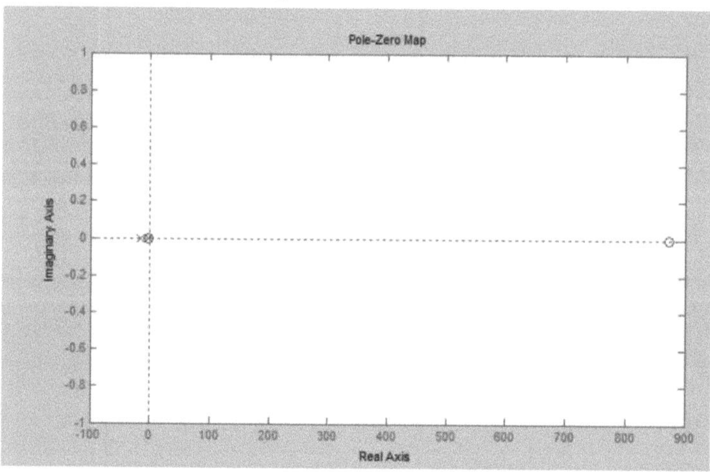

Fig. 5.53. Diagrama de pólos-zero da função de transferência de dois estados para a variável oxigénio.

A localização dos pilares é

$$P = \begin{bmatrix} -14.6496 \\ -1.9358 \end{bmatrix}$$

A posição dos zeros é

$$\lim_{s \to 0} s * \left(\frac{1}{s} \right) Y_{6_0}(s) = \lim_{s \to 0} s * \left(\frac{1}{s} \right) Y_{2_0}(s)$$

$$\frac{-2.1963e - 005(-1195)(758.9)(33.42)(2.48)(1.479)(1.342)}{(59.41)(31.73)(18.25)(2.932)(1.657)(1.394)} = \frac{K(-872.2)(1.428)}{(1.936)(14.65)}$$

K=-0.00033.

Como podemos ver, o pólo dominante está em -14,7 e há também um zero de fase não mínimo que deve ser eliminado ao criar o controlador adaptativo. Podemos, portanto, ver que o comportamento é semelhante, pelo que é necessário calcular o ganho K para a função de transferência de ordem reduzida. Vamos igualar os limites das funções de transferência quando s tende para zero, multiplicado pelo degrau unitário, como no caso da variável de tensão.

A função de transferência do sistema de ordem reduzida é então :

$$\frac{AO_2}{Vcp} \sim \frac{-0{,}00032023(s - 872{,}2)(s + 1{,}428)}{(s + 1{,}936)(s + 14{,}65)}$$

Com o ganho encontrado, a resposta estacionária ao salto do sistema de sexta ordem é mostrada na Figura 5.54, enquanto a resposta estacionária do sistema de ordem reduzida é mostrada na Figura 5.55.

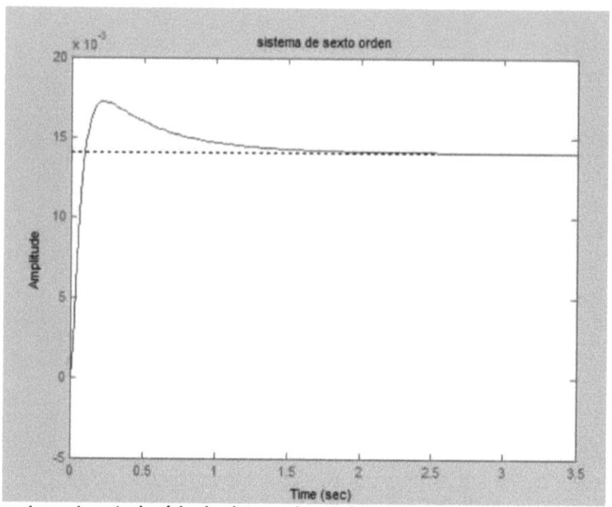

Fig. 5.54 Comportamento estacionário do sistema de oxigénio de seis estados.

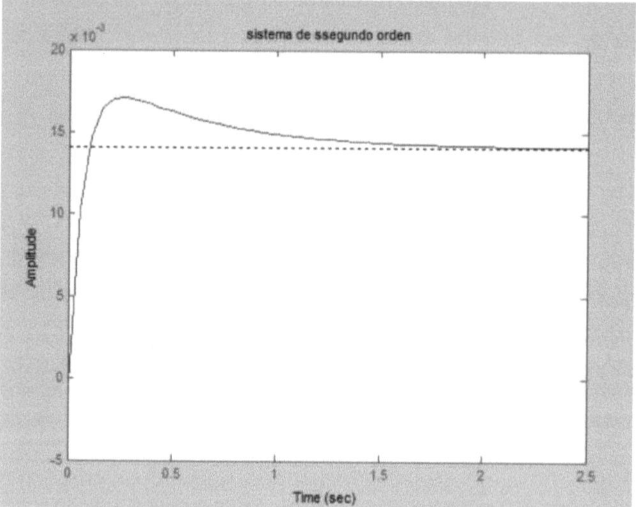

Fig. 5.55 Comportamento estacionário do sistema com dois níveis da variável oxigénio.

Finalmente, a Figura 5.56 mostra uma comparação das reacções. Como podemos ver, elas atingem o mesmo valor quando o tempo é aumentado.

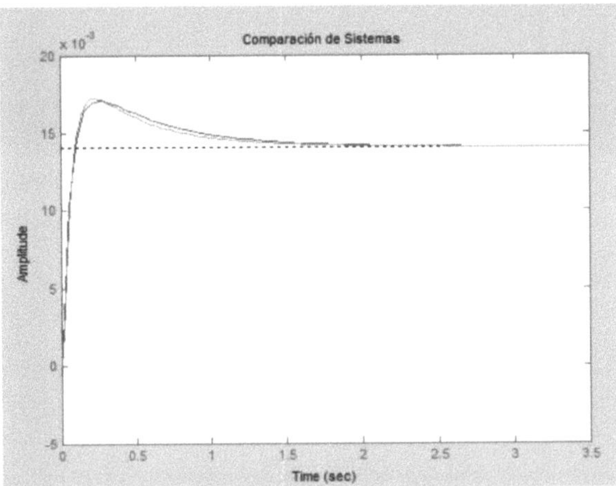

Fig. 5.56 Comparação do comportamento estacionário do sistema de seis estados e do sistema de dois estados para oxigénio variável.

2.43 Simulação do regulador STR para a variável tensão

Como explicámos no capítulo anterior, na secção dedicada ao controlo adaptativo, uma vez definido o modelo sobre o qual vamos trabalhar, temos de escolher uma função de transferência da mesma ordem que nos dê um comportamento conhecido e desejado do sistema antes do ponto de ajuste atribuído; esta função é representada pela equação 5.13.

$$FT = \frac{Wn}{s^2 + 2\xi Wns + Wn^2}$$

(5.13)

A função descrita tem duas variáveis controláveis, a frequência natural Wn e o coeficiente de amortecimento, das quais dependem a velocidade de convergência da curva e o valor de pico da curva. No caso deste livro, utilizaremos um coeficiente de amortecimento de 0,6. Se introduzirmos a tensão parasita e uma entrada de 210 volts na equação 5.8 como tal, obtemos como resultado a figura 5.57. Aqui vemos que o valor definido não é respeitado e que a tensão diminui com o tempo, pelo que é necessário introduzir um regulador.

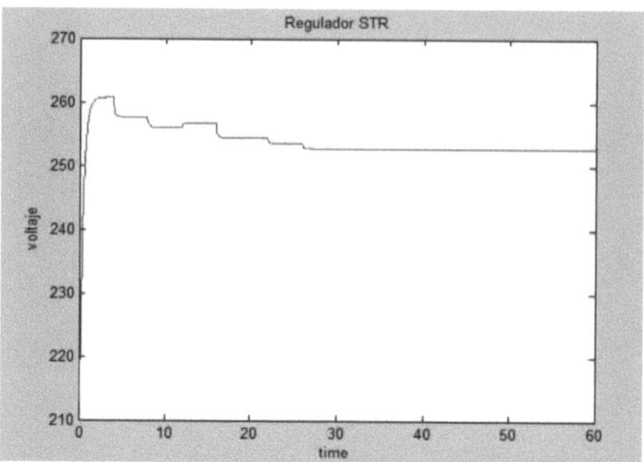

Fig. 5.57 Reação do sistema de segunda ordem da equação 5.8 a um salto de entrada para a variável de tensão :

Enquanto o modelo de referência será

$$\frac{Bm}{Am} = \frac{Wn}{s^2 + 2\xi Wns + Wn^2} \qquad \frac{B_p}{A_p} = \frac{0.1023s^2 - 1.952s + 41.27}{s^2 + 30.59s + 58}$$

Seguinte:

$\deg Am = \deg A$

$\deg Am = 2$

$\deg Bm = \deg B$

$\deg Bm = 2$

$\deg Ao = \deg A - \deg B^+ - 1 = 2 - 0 - 1 = 1$

$Ao(s) = s + a_o$

$Bm = B^- B'm$

$B = B^+ B^-$

$B^+ = 1$

$B^- = 0.1023s^2 - 1.952s + 41.27$

$\deg S < \deg A$

$\deg S = 1$

$s(s) = s_o s + s_1$

$AR' + B^- S = AoAm$

$(s + 28.55)(s + 2.031)R' + (0.1023s^2 - 1.952s + 41.27)(s_o s + s_1) = (s^2 + 2\xi Wns + Wn^2)(s + a_o)$

$$R' = \frac{s^3(1 - 0.10s_0) + s^2(a_0 + 2\xi Wn + 1.9s_0 - 0.10s_1) + s(Wn^2 + 2\xi Wna_0 - 41.3s_0 + 1.9s_1) + a_0 Wn^2 - 41.3s_1}{(s + 28.55)(s + 2.031)}$$

$R = R' B^+$

$R = R'$

$T(s) = A_0 B'm$

$B'm = Wn$

$T(s) = Wn(s + a_0)$

O projeto do controlador de dois graus de liberdade é apresentado na Figura 5.58. O

esquema Simulink apresentado na Figura 5.59 é utilizado para a simulação.

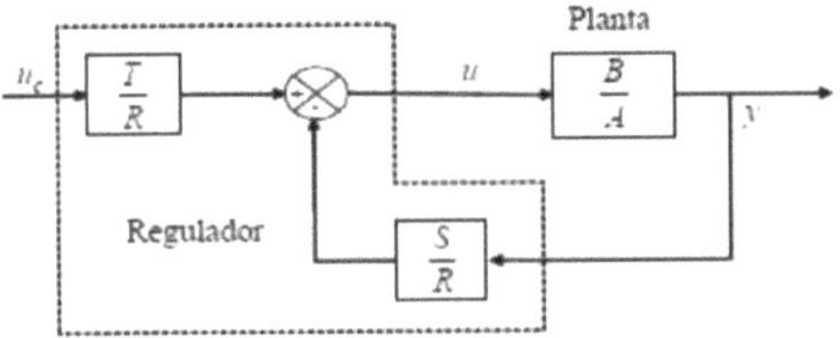

Fig. 5.58 Controlador STR para dois graus de liberdade.

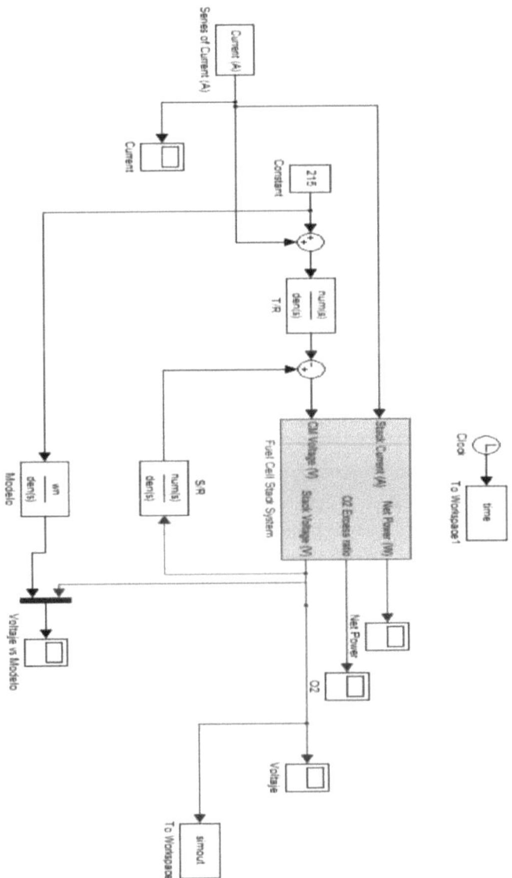

Fig. 5.59 Controlador STR para a variável Vst com dois graus de liberdade.

A simulação foi efectuada diretamente na instalação não linear, com a intensidade como perturbação, tanto na instalação como na entrada do modelo. Foi também efectuada uma comparação entre o modelo e a saída do sistema, para verificar se o comportamento desejado do ponto de regulação era respeitado. Os valores escolhidos para a frequência natural são 1, para s0 = 1, para s1 = 1, a0 = 1, e o valor do coeficiente de amortecimento varia entre 0,6 e 1 consoante a simulação.

Para um ponto de ajuste de 210 volts e um coeficiente de atenuação de 0,4, a simulação resultante é mostrada na Figura 5.60, enquanto que para o mesmo ponto de ajuste com um coeficiente de atenuação de 0,7, o diagrama resultante é mostrado na Figura 5.62. A comparação com a resposta do modelo é apresentada nas Figuras 5.61 e 5.63 para os respectivos coeficientes.

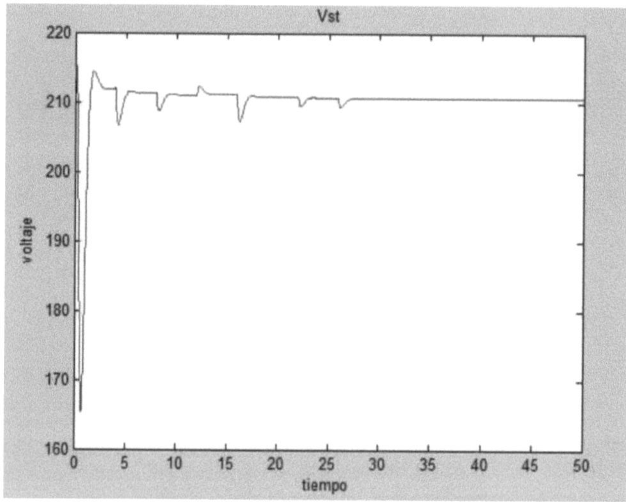

Fig. 5.60 Saída Vst para 5=0,4 e Wn=1.

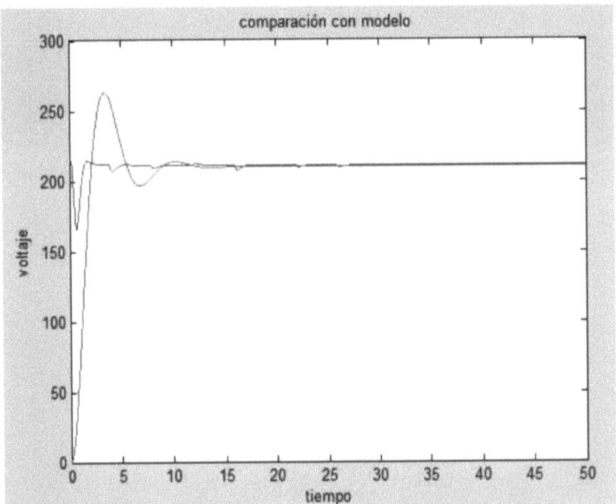

Fig. 5.61 Comparação da saída Vst com o modelo para 5=0,4 e Wn=1.

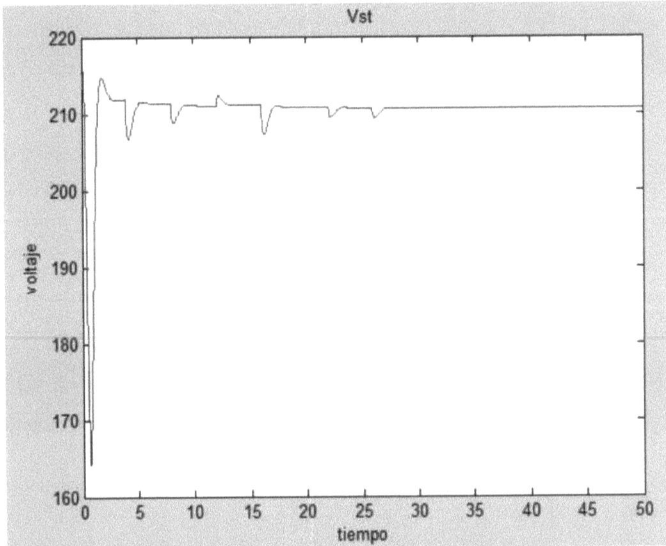

Fig. 5.62 Saída Vst para $=0,7 e Wn=1....

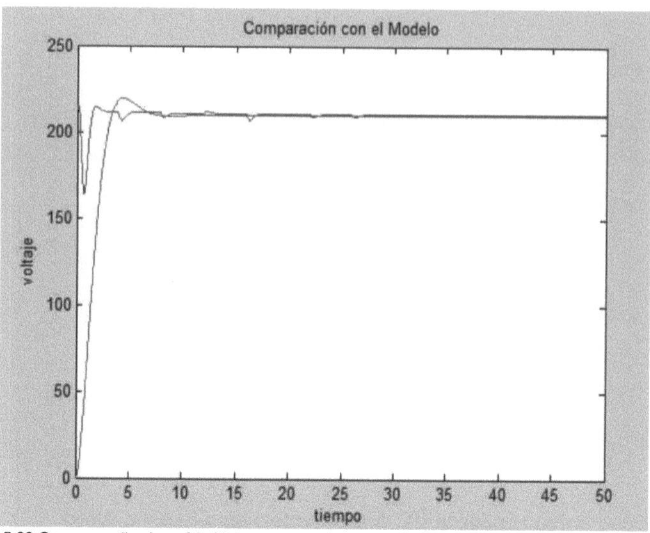

Fig. 5.63 Comparação da saída Vst com o modelo para $\$=0,7$ e Wn=1.

Como se pode observar, quanto maior for o coeficiente de atenuação, menor será o overshoot, que é mais visível no modelo do que na instalação. No entanto, a instalação segue o comportamento do modelo e, embora exista um erro entre as duas saídas, vemos que quando a intensidade muda, a instalação volta ao valor indicado como ponto de ajuste, que é o desejado, até estabilizar no mesmo valor.

2.4. Simulação do controlador STR para a variável oxigénio.

Da mesma forma que trabalhámos com a variável tensão, vamos trabalhar com a variação do oxigénio. Escolhida a planta com a qual queremos trabalhar, inserimos um setpoint, sem nenhum tipo de controlador, para obtermos uma reação na simulação, como mostra a Figura 5.64. O setpoint é então calculado a partir do ponto de ajuste.

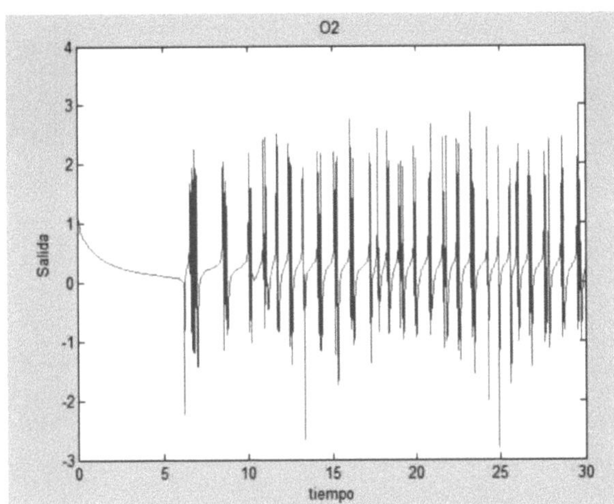

Fig. 5.64 Saída das variáveis de oxigénio sem controlo.

Como se pode ver, introduzimos um valor fixo de duas unidades na entrada, e o resultado é um sistema que não segue o valor fixo e, além disso, sempre que há uma alteração na perturbação da entrada ou da corrente, torna-se instável e forma vários picos que podem danificar o sistema Hsico como tal, uma vez que assumem valores negativos e superiores a 2,5 unidades.

Para resolver este problema, é desenvolvido um controlador STR adaptativo com dois graus de liberdade, utilizando o mesmo modelo de referência para a variável tensão.

A Figura 5.58 refere-se ao esquema de controlo STR a ser implementado, pelo que é necessário encontrar os valores dos polinómios S, T e R com base no modelo e na instalação reduzida que encontrámos.

O diagrama a ser implementado no Simulink é mostrado na Figura 5.65. Tal como na variável anterior, trabalhamos com o sistema não linear, introduzindo a perturbação da corrente na instalação e no sistema em geral, para nos aproximarmos da realidade e analisarmos a resposta do controlador aos setpoints introduzidos.

A função de transferência do sistema a utilizar é a seguinte: Então

$degAm = degA$
$degAm = 2$
$degBm = degB$

$degBm = 2$

$degAo = degA - degB^+ - 1 = 2 - 0 - 1 = 1$

$Ao(s) = s + a_o$

$Bm = B^- B'm$

$B = B^- B^{+-}$

$B^+ = 1$

$B^- = -0,0003202s^2 + 0,2788s + 0,3988$

$degS < degA$

$degS = 1$

$s(s) = s_o \, \mathsf{s} + s_1$

$AR' + B^- \, \mathsf{S} = AoAm$

$(s^2 + 16,59s + 28,36) \, R' + (-0,0003202^2 + 0,27885 + 0,3988)(sos + s_1) = (s^2 + 2Wns + Wn^2)(s + a)_o$

$$R = \frac{s^3 (1 + 0,0003202_0) + s^2 (a_0 + 2\S Nn - 0,27s_0 - 0,000321) + s(Wn^2 + 2Wna - 0,39s_0 - 0,27s_1) + a_0 Wn - 0,39s1}{s^2 + 16,59s + 28,36}$$

$R = R'B^+$

$R = R'$

$T(s) = A_0 \, \mathsf{B'}m$

$B' \, m = Wn$

$T(s) = Wn(s + a)_0$

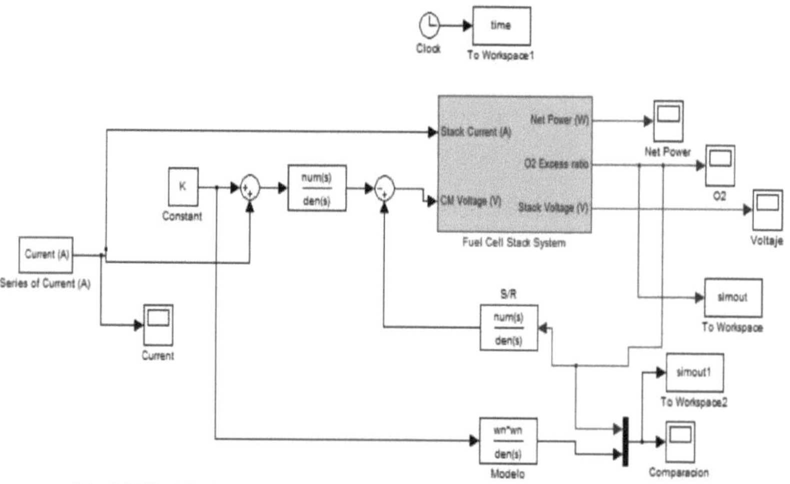

Fig. 5.65 Modelo de controlador STR implementado no Simulink para a variável oxigénio.

Os valores das variáveis são so=0,05, Wn=2, ^=0,7, Ao=0,2 e s1=0,1. Para um valor de entrada de 1,8 unidades, a reação inicial do sistema é apresentada na Figura 5.66.

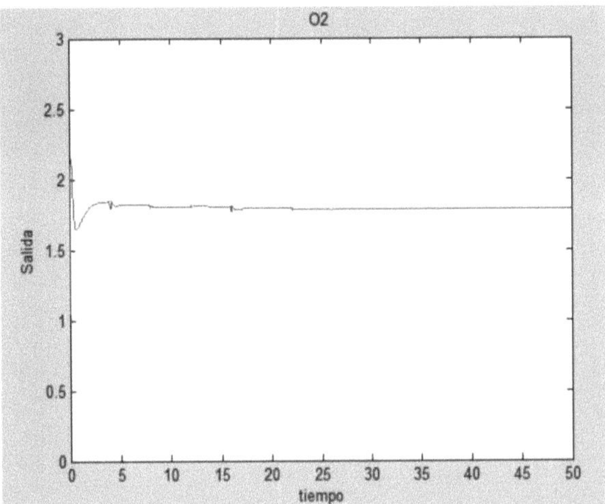

Fig. 5.66 Saída do sistema com um valor de 1,8 unidades de ponto de ajuste para a variável oxigénio.

Se fizermos uma comparação com a saída pelo modelo, como mostra a Figura 5.67, podemos analisar que a saída segue o modelo e a cada mudança na corrente, faz um pequeno pico, depois volta a procurar o setpoint e a saída do modelo, pelo que se conclui que o controlador responde adequadamente à perturbação.A saída segue o modelo e, a cada alteração da corrente, faz um pequeno pico, voltando depois a procurar o ponto de regulação e a saída do modelo, pelo que se conclui que o controlador está a responder adequadamente à perturbação.

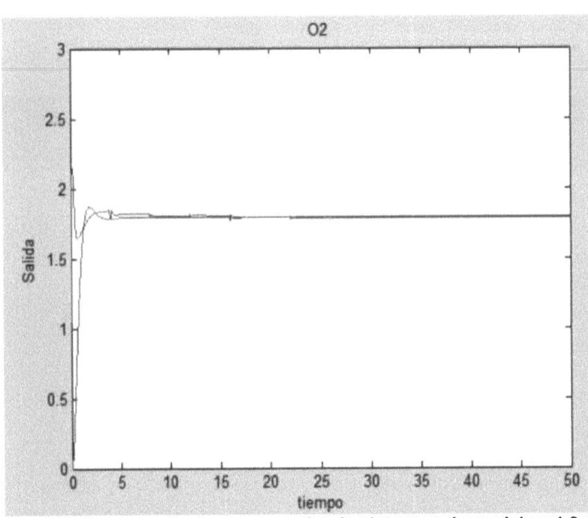

Fig. 5.67 Comparação do desempenho do sistema e do modelo a 1,8 unidades de ponto de ajuste para a variável oxigénio.

Para um valor de entrada de 1,4 unidades, a saída é apresentada na Figura 5.68.

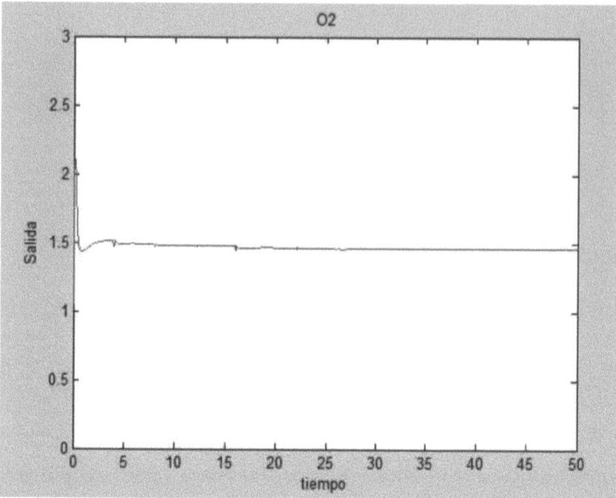

Fig. 5.68 Saída do sistema para um valor de 1,4 unidades de ponto de ajuste para a variável óxido.

A comparação entre o modelo e a instalação é apresentada na Figura 5.69. Como se pode ver, os picos gerados pela instalação estão dentro dos valores permitidos para evitar o fenómeno de inanição e, assim, preservar a vida útil da estaca e garantir a eficiência do sistema.

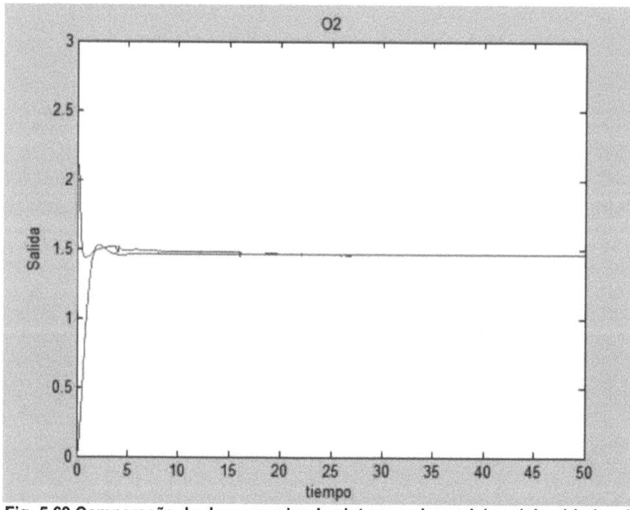

Fig. 5.69 Comparação do desempenho do sistema e do modelo a 1,4 unidades de ponto de ajuste para a variável oxigénio.

CAPÍTULO VI
COMPARAÇÃO DE RESULTADOS

Neste trabalho, analisámos principalmente três tipos de controlo, nomeadamente o controlo preditivo MPC, o controlo ótimo LQR com setpoint zero e com setpoint diferente de zero, e o controlo adaptativo STR. Para o sistema de células de combustível PEM, trabalhámos com um sistema não linear, utilizando para a modelação e pontos de funcionamento os valores das matrizes e funções de transferência utilizados em **[2]**. Neste capítulo iremos comparar os resultados e analisar para que tipo de controlo obtivemos um melhor resultado em termos de eficiência e funcionamento do sistema em si, para as variáveis analisadas ao longo do livro.

1. Comparação de resultados

1.1. Resultados para a variável Tensão

A variável Vst foi analisada para os três modos de controlo já referidos, com diferentes valores definidos que se situam dentro dos valores com que a célula pode funcionar corretamente, ou seja, dentro dos pontos de funcionamento da célula de combustível PEM.

Para o controlo preditivo PEM, o valor de referência inicial foi de 235 volts, tendo as matrizes A, B, C e D sido analisadas na secção de linearização deste livro e testadas diretamente no sistema não linear. O resultado da análise dos tempos de pico e de oscilação é apresentado na Figura 6.1 (A). Como se pode observar, o tempo de estabilização é de 16 segundos na escala de tempo, e o pico mais elevado é de 4 segundos para um valor de 262 volts. Se analisarmos o mesmo comando e iniciarmos o salto do setpoint para 0, verificamos que o pico mais alto ocorre abaixo dos 250 volts, mas para um setpoint constante de 235 volts, como mostra a figura acima, podemos observar os valores já descritos.

Para o controlo ótimo LQR com ponto de ajuste, foram dados dois pontos de ajuste ao sistema, sendo o primeiro de 220 volts e o segundo de 235 volts. Como se pode ver na Figura 6.2 (B) e (C), o overshoot é menos significativo no segundo caso, uma vez que é menor no primeiro, o que se deve à variação das matrizes Q e R do controlador; no entanto, no caso do controlo LQR, estamos a trabalhar com as matrizes já linearizadas, cujo ponto de funcionamento foi também descrito na secção sobre linearização do modelo.

Se enviarmos o setpoint zero no caso do controlo LQR, verificamos que o tempo de estabilização na Figura 5.21 é de duas unidades e que o pico de overshoot é inferior a 100 unidades, tal como verificamos que o maior dos picos de overshoot, apresentado na Figura 5.16, ultrapassa o valor de 200 unidades e mantém-se mesmo dentro da gama de funcionamento da pilha de combustível do tipo PEM.

Finalmente, no caso do controlador STR, foi imposto um valor de referência de 210 volts e os resultados são apresentados na Figura 6.2 (D), que mostra que o sobrepico é de 215 volts e tem um tempo de estabilização de 7 segundos, durante o qual se comporta como o modelo de segunda ordem com o qual o controlador STR foi criado.

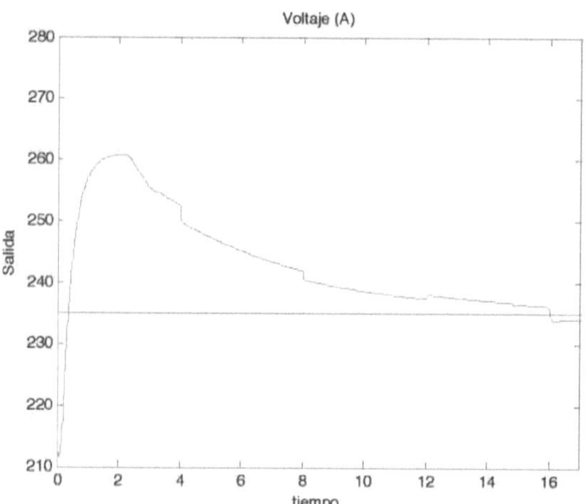

Fig. 6.1 Comparação dos resultados da variável de tensão para o controlo MPC.

Como se pode ver, os controladores MPC e STR nos modelos Simulink implementados trabalham com um controlador linear num ponto de funcionamento, mas o sistema real que controlam é um sistema não linear, ao contrário do LQR que trabalha diretamente com as matrizes no ponto de funcionamento linearizado. É por isso que os seus resultados são melhores, porque há menos picos e o seu tempo de estabilização é mais rápido do que o de outros controladores. O controlador MPC é um controlador muito robusto, porque uma vez estabilizado o sistema, podemos ver no diagrama 5.14 como ele pode seguir uma mudança de ponto de ajuste na escala de tempo.

Em termos de tempo de cálculo, o controlador mais rápido é o LQR, seguido do STR e, finalmente, do MPC, com base no tempo de simulação para cada tipo de controlador utilizando a ferramenta Matlab Simulink.

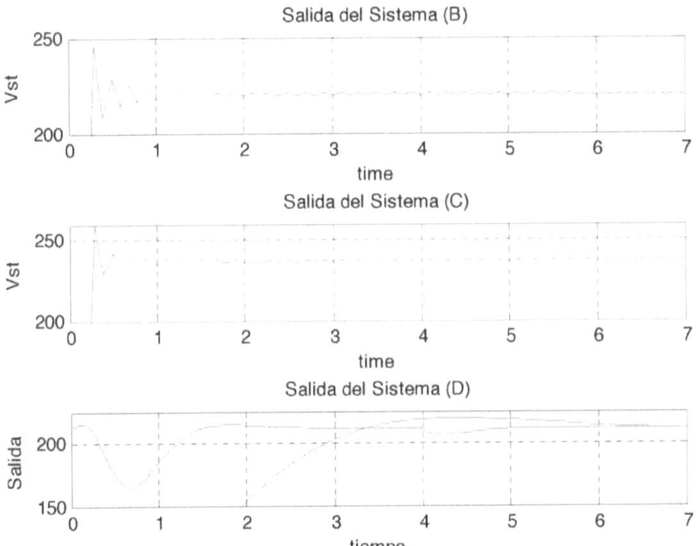

Fig. 6.2 Comparação dos resultados para a variável tensão para o controlo LQR e STR.

1.2. Resultados para a variável de variação do oxigénio

Para a variável oxigénio, tal como para a variável Vst, trabalhámos com o controlo MPC, o controlo ótimo LQR com um setpoint zero e com um setpoint diferente de zero, e o controlo adaptativo STR. Neste último caso, trabalhámos com vários setpoints em cada tipo de controlo, todos eles dentro de intervalos que evitam a inanição e optimizam o funcionamento da célula de combustível PEM.

No caso do controlo MPC, utilizou-se um setpoint de duas unidades dentro da variação do oxigénio para simular o controlo e, como se pode ver na Figura 6.3, o overshoot do valor de pico é de 2,1 e o tempo de estabilização na escala de tempo é de 5 segundos. Dentro do mesmo controlo, o ponto de ajuste foi variado com resultados não inteiramente satisfatórios e, embora a convergência para o valor desejado tenha sido rápida, o sistema não respondeu como esperado quando a intensidade foi variada como uma perturbação.

Para o controlo LQR ótimo com um ponto de regulação não nulo, foram dados dois pontos de regulação, sendo o primeiro, na Figura 6.4 (A), 1,8 unidades, para o qual vemos que o tempo de estabilização é inferior a 0,2 segundos e a ultrapassagem é inferior a 2,1 unidades, permitindo que o controlador responda eficaz e rapidamente. Na Figura 6.4 (B), vemos que o ponto de ajuste dado é de 2 unidades e que o controlador também responde com um pico de menos de 2,3 unidades e um tempo de estabilização de menos de 0,2 segundos na escala de tempo.

Para o controlo LQR ótimo com um ponto de regulação zero, a Figura 5.37 mostra que o pico máximo acima da curva antes de cair para zero está próximo do valor de 0,8 unidades para um tempo de estabilização de 2,5 segundos na escala de tempo, dependendo das matrizes escolhidas, o pico mais alto para um tempo de estabilização semelhante é mostrado na Figura 5.35, cujo valor é de 2,5 unidades.

Para o controlo adaptativo STR, demos dois valores de referência, um de 1,8 unidades (ver Figura 6.5 (C)) e outro de 2 unidades (ver Figura 6.5 (D)). Para ambos os valores de referência, podemos ver que a ultrapassagem máxima se situa num valor de 2,1 unidades, com um tempo de estabilização inferior a 4,5 segundos na escala de tempo. A ultrapassagem do modelo é de 1,9 unidades e 2,1 unidades, respetivamente, com um tempo de estabilização de 3 segundos na escala de tempo, pelo que a instalação segue o modelo de referência apesar das perturbações.

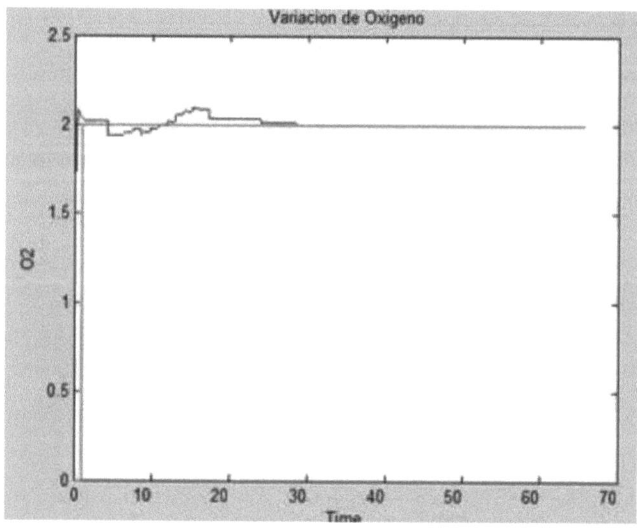

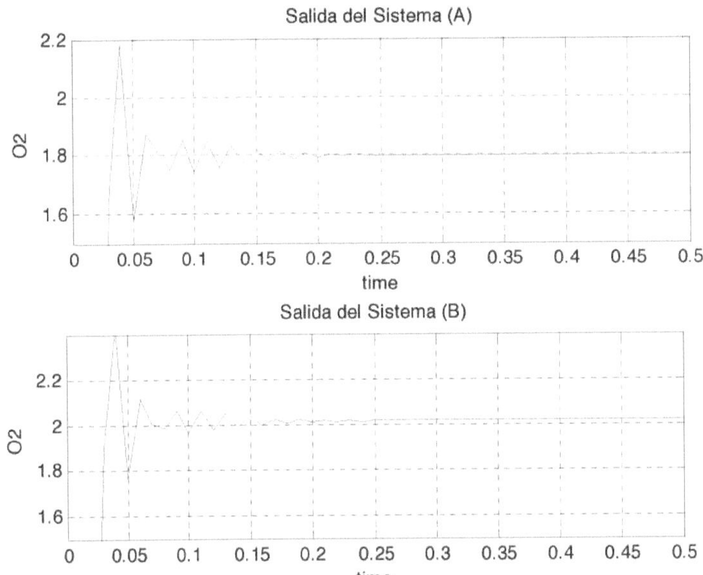

Fig. 6.4 Comparação dos resultados da variação do oxigénio variável para o controlo LQR.

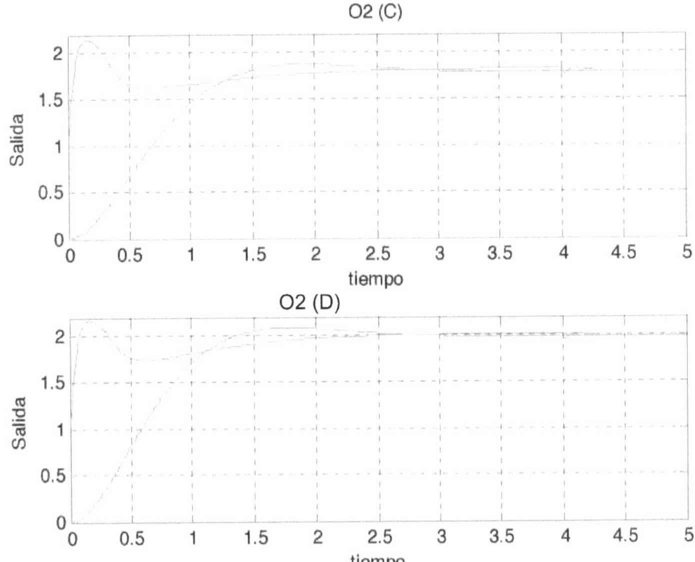

Fig. 6.5 Comparação dos resultados da variação do oxigénio variável no controlo STR.

Tal como no caso da variável anterior, verifica-se que o controlo LQR trabalha com as matrizes A, B, C e D do sistema linearizado e, por isso, reage mais rapidamente do que os outros controlos, uma vez que a instalação atinge o valor indicado como setpoint em menos de metade do tempo dos controlos STR e MPC. O mesmo fenómeno ocorre quando o valor de pico é ultrapassado, uma vez que o valor máximo do overshoot é menor no caso do controlo LQR com um setpoint não nulo, se trabalharmos com o ponto de funcionamento descrito. Apesar de o controlador MPC ter o mesmo overshoot que o controlador STR, podemos ver no Capítulo V que o controlador STR tem um melhor desempenho ao longo do tempo e tendo em conta a perturbação, pelo que a eficiência melhora significativamente, uma vez que o erro entre o modelo e o setpoint de saída é pequeno e não varia tanto como no caso do MPC.

O controlador LQR é o menos intensivo do ponto de vista computacional, o que se reflecte no tempo de simulação dos programas Matlab, enquanto os controladores MPC e STR, que trabalham diretamente com o sistema não linear e as oito variáveis de estado, são mais lentos devido à sua natureza. O controlador mais robusto é o STR.

CAPÍTULO VII
CONCLUSÕES

O objetivo deste livro foi analisar um modelo adequado para aplicar estratégias de controlo à pilha de combustível PEM. Assim, o trabalho foi dividido em três fases distintas, sendo a primeira a recolha de informação sobre o estado da arte e sobre a problemática atual da regulação das células de combustível PEM. Na segunda fase, analisámos os diferentes modelos encontrados na primeira fase e decidimos trabalhar com o modelo de pilha de combustível apresentado em **[2]**, para o qual efectuámos a análise estática e o correspondente processo de linearização. A terceira fase é desenvolvida nos capítulos IV, V, VI e VII, onde nos concentrámos na análise das estratégias de controlo, adaptando a instalação a cada uma delas e realizando as diferentes simulações de controlo, tendo sempre em conta os limites de funcionamento da pilha de combustível PEM para alcançar o objetivo geral.

7.1. Conclusões

A pilha de combustível é altamente não linear e o seu comportamento, quando a corrente entra no sistema como perturbação, tende a desestabilizar as saídas do sistema, como se pode ver nos diagramas do Capítulo II, onde a tensão, a potência e a variação de oxigénio não se mantêm nos valores desejados, mas variam continuamente quando há um salto no valor da corrente. As variáveis de potência, ou seja, a potência líquida, a variação de oxigénio e a tensão de saída, respondem a cada subsistema que compõe o modelo global da pilha de combustível, pelo que é importante considerar os valores de saída de Psm e Wcp para tornar o modelo global eficiente.

Finalmente, podemos ver que no modelo de **[2]**, existem 9 estados com os quais o sistema opera, mas no momento da linearização, a massa de água no cátodo é eliminada, pois é um estado que não é observável no processo. Depois, para os diferentes controlos, trabalhámos com o modelo de 8 estados da instalação, utilizando matrizes que não contêm controladores estáticos ou dinâmicos. Sabemos que o melhor controlo da instalação é obtido se incluirmos um regulador estático na entrada de tensão do compressor.

Descrevemos detalhadamente os tipos de controlo que propusemos, abrangendo as diferentes técnicas de controlo preditivo, ótimo e adaptativo, incluindo o controlo MPC, GPC, MDC, STR, MRAC e LQR, e finalmente decidimos trabalhar com um tipo de cada controlo, pelo que optámos pelo controlo MPC, LQR e STR.

Para o controlo preditivo MPC, trabalhámos diretamente com o modelo não linear completo de 9 estados e um controlador linear no ponto de funcionamento com $P_{net} = 40$ KW, $A_{O2} = 2$, $1st = 191$ [A], $V_{cm} = 164$ [V], no qual foi incluída a perturbação de entrada de corrente do compressor. O controlador linear de 8 estados foi operado com um horizonte de previsão de 10 unidades e um horizonte de regulação de 4 unidades, com um peso médio em termos de robustez e da velocidade a que o sistema tinha de responder, com o peso fixado em 0,5. Os resultados obtidos para a variável tensão foram os esperados e comparáveis com a informação analisada no estado da arte, uma vez que esta recebeu alterações ao setpoint de 20 e 30 unidades, tanto para cima como para baixo, em tempos ou intervalos de 10 e 20 segundos, tendo o controlador seguido o setpoint com os parâmetros definidos. O objetivo era sempre garantir que a saída resultante do controlador e da instalação estivesse dentro dos limites operacionais, pelo que o maior desafio era reduzir a curva do valor de pico, o que era importante devido à natureza não linear da instalação e às alterações nas entradas.

Para o controlo LQR, trabalhámos de duas formas, primeiro com a entrada zero, de modo a que os valores das variáveis de potência tendessem para zero, e depois com o ponto de regulação real do ponto de funcionamento escolhido. O controlo LQR do Matlab foi aplicado diretamente e a equação diatónica foi resolvida numa segunda tentativa, a matriz de realimentação K foi óptima na vigésima iteração da equação, pelo que concluímos que este método deu melhores resultados para o presente trabalho. Foi introduzido um integrador no sistema, pois este elimina o erro estacionário existente. Tal como no caso anterior, as saídas estavam dentro dos limites de funcionamento com um critério de tentativa e erro para as matrizes Q e R, e os tempos de estabilização eram bastante bons até as saídas tenderem para zero. Controlo dispendioso com

Valores elevados da matriz Q e um valor baixo de R deram melhores resultados, mas como este não é um controlo eficiente em termos de implementação, obtivemos valores médios para Q e R para garantir que o funcionamento estava dentro dos limites correctos. O controlo LQR trabalha diretamente com a bateria no ponto em que esta está linearizada, e não com o modelo não linear, o que resulta no facto de que, quando introduzimos o setpoint nestes valores ou em valores mais pequenos, a potência tende rapidamente para o mesmo nível e o pico é pequeno, mas quando o levamos para valores fora do ponto de funcionamento, o tempo de estabilização varia de forma pequena e o pico aumenta. Para o ponto de funcionamento dado pelas matrizes A, B, C e D do capítulo II, o controlo LQR é portanto muito eficaz.

Para o controlo adaptativo, o controlo STR com auto-ajuste revela-se eficaz. Para o efeito, procedeu-se a uma análise de Bode do sistema de 8 estados e do sistema de 6 estados, uma vez que o sistema de 6 estados é totalmente observável e controlável, ao passo que o sistema de 8 estados não o é. Esta análise mostrou que é possível trabalhar com um modelo cuja função de transferência é do segundo grau e determinar previamente o ganho da nova função de transferência. A análise dos pólos e zeros permitiu também concluir que o comportamento das funções de transferência era semelhante devido à posição dos pólos dominantes e dos zeros de fase não mínimos, o que foi verificado durante a análise da resposta estacionária introduzindo um degrau unitário como entrada. Os valores de S e T são definidos pelas constantes Ao, So e S1, cuja posição fornece os pólos dominantes do sistema e permite que o sistema seja mais estável e siga melhor o ponto de regulação dado, ou seja, quanto mais próximos estiverem da origem, melhor será a resposta do sistema, uma vez que se situam sempre entre os valores do círculo unitário. Para este controlo, para além do trabalho sobre o sistema não linear de 9 estados, foi introduzida a perturbação da corrente à entrada do sistema, de forma a analisar a sua robustez e obter resultados eficazes. Os modelos de referência, baseados na frequência natural e no coeficiente de amortecimento, mostraram ter as mesmas características, com um coeficiente de amortecimento entre 0,4 e 0,8, a resposta foi óptima em termos de pico mais, trabalhando com uma frequência natural de unidade, e obtiveram-se resultados de resposta razoáveis.

Para atingir estes objectivos, asseguramos que, uma vez escolhidos os valores dos reguladores e controladores e a posição dos pólos e zeros, podemos garantir os seguintes elementos

Os picos das curvas escolhidas não ultrapassam os valores permitidos na pilha de combustível PEM, e as curvas e sinais de controlo resultantes não provocam a paragem abrupta dos actuadores em caso de implementação, sendo mais importante evitar o fenómeno de inanição provocado por um baixo nível de variação variável do oxigénio. Foram também analisadas as reacções de outras variáveis, como Psm e Wcp, de modo a mantê-las em valores adequados.

Resumo das conclusões

Como conclusão final, podemos salientar que a comparação de três métodos de controlo para o mesmo sistema permite analisar as vantagens de cada método e concluir que os três métodos são adequados para controlar corretamente a natureza não linear da célula de combustível, tendo em conta os custos de cálculo, matemáticos e de construção. Os resultados de simulação obtidos foram testados para diferentes valores de cada variável, de modo a garantir que a convergência do output para os modelos ou valores definidos é efectiva em toda a gama de funcionamento da pilha de combustível, de modo a garantir a eficiência do sistema em geral. Desta forma, os objectivos mencionados no início deste livro foram amplamente alcançados.

7.2. Domínios de investigação futuros

Durante o desenvolvimento do livro, analisámos e recolhemos dados que poderão ser de grande ajuda em trabalhos futuros. Penso que, em trabalhos futuros, poderemos completar os diferentes métodos que faltam em cada tipo de controlo, como o controlo GPC, o controlo MRAC e a integração de um observador de estado para realizar o controlo LQG e, assim, trabalhar com os estados não observáveis da instalação.

As simulações podem também ser efectuadas com as mesmas variáveis que as abordadas neste livro, uniformemente num controlador, ou seja, para testar um MPC MIMO e um STR MIMO, podendo este último conter um estimador de parâmetros, se necessário.

Também é possível escolher outros modelos e diferentes pontos de funcionamento e compará-los com os diferentes tipos de controlo.

Referências

[1] *Diego Feroldi, Control and Design of PEM Fuel Cell-Based Systems, Tese de Doutoramento, Universidad Politecnica de Catalunya, de 2004.*

[2] *J. Pukrushpan, Modeling and Control of Fuel Cell Systems Processors, tese de doutoramento, Universidade de Michigan, 2003.*

[3] *Carlos Bordons, Alicia Arce e Alejandro J. Del Real, Constrained Predictive Control Strategies for PEM Fuel Cell, In proceedings of 2006 American Control Conference, Minnesota, 2006.*

[4] J. Larminie, e A. Dicks, Fuel cell Systems Explained, Wiley and Sons, segunda edição, 2003.

[5] *J. Golbert e D. Lewin, Controlo Preditivo Baseado em Modelos (MPC) de Células de Combustível PEM eficientes em termos de combustível. Nos anais do 16º Congresso Mundial da IFAC, Praga, 2005.*

[6] *J. Pukrushpan, A. Stefanopoulou e H. Peng. Control of fuel cell breathing: Initial results on the oxygen starvation problem, IEEE Control Systems Magazine, 24:30-46, 2004.*

[7] *M. Grujicic, E. H. Law, e J.T. Pukrushpan, Model based control strategies in the dynamic interaction of air supply fuel cell, Proceedings of the Institution of mechanical Engineers, Part A, 2004.*

[8] *A. Vahidi e A. Peng, Model predictive control for starvation prevention in a hybrid fuel system, American Control Conference, Proceedings of the 2004, 1:834-839.*

[9] *Salvador Ciruelos Lao, Diseno y Evaluation de la prestaciones de un sistema de control de la pila de combustible tipo PEM, dissertação, Universidad Politecnica de Catalunya, 2006.*

[10] *W. Yang, B. Bates, N. Fletcher, Control Changes and Methodologies in fuel cell vehicles development. Fuel Cell Technologies for Vehicles, páginas 249-256, 1998.*

[11] *J. Pukrushpan, A. Stefanopoulou e H. Peng. Control-oriented modeling and analysis for automotive fuel cell systems. J. of dynamic Systems, 126:14-25, 2004.*

[12] *S. Varigonda, J. Pukrushpan, A. Stefanopoulou e American Institute of*

Chemical Engineers, Challenges in fuel cell Power plant control: The role of Systems level dynamics models. Instituto Americano de Engenheiros Químicos, 2003.

[13] M. Serra, A. Hustar, D. Feroldi, and J. Riera, *Performance of diagonal control structures at different operating conditions for polymer electrolyte menbrane fuel cells. J. Of power Sources,* 158(2):1317-1323, 2006.

[14] D. Friedman, e R. Moore, *PEM fuel Systems optimization In Proceedings Electrochemical society volume 27, páginas 407-423,* 1998.

[15] W. Yang, B. Bates, e R. Pow, *Control Challenges and methodologies in fuel cell vehicles development, Fuel cell technology for vehicles, páginas 249-256,* 1998.

[16] D. Friedman, e R. Moore, *PEM fuel Systems optimization In Proceedings Electrochemical society, volume 27, páginas 407-423,* 1998.

[17] M. Grujicic, K. Chittajallu, E. H. Law, e J.T. Pukrushpan, *Model based control strategies in the dynamic interaction of air supply fuel cell, Proceedings of the Institution of mechanical Engineers, Part D : J. of power and energy,* 218(7):487-489, 2004.

[18] J. Pukrushpan, H. Peng, A. Stefanopoulou, 2004, *Control Oriented Modeling and Analysis for Automotive fuel Systems. J. of Dynamic Systems,* 126:14-25, 2004.

I want morebooks!

Buy your books fast and straightforward online - at one of world's fastest growing online book stores! Environmentally sound due to Print-on-Demand technologies.

Buy your books online at
www.morebooks.shop

Compre os seus livros mais rápido e diretamente na internet, em uma das livrarias on-line com o maior crescimento no mundo! Produção que protege o meio ambiente através das tecnologias de impressão sob demanda.

Compre os seus livros on-line em
www.morebooks.shop

info@omniscriptum.com
www.omniscriptum.com

Printed by Books on Demand GmbH, Norderstedt / Germany